THOMAS KNUBBEN
TOBIAS MAYER

TOBIAS MAYER

Gebohren zu Marbach im Wirtemberg, d. 17. Febr. 1723. Gestorben zu Göttingen d. 20. Febr. 1762.

THOMAS
KNUBBEN

TOBIAS MAYER
ODER
DIE VERMESSUNG
DER ERDE
DES MEERES UND
DES HIMMELS

HIRZEL

Der Autor:
Thomas Knubben studierte an den Universitäten Tübingen und Bordeaux Geschichte, Germanistik und Empirische Kulturwissenschaft und promovierte an der Universität Duisburg-Essen. Seit 2003 ist er Professor für Kulturmanagement und Kulturwissenschaft an der Pädagogischen Hochschule Ludwigsburg. Seine Veröffentlichungen schlagen die Brücke zwischen Kulturgeschichte, Kulturmanagement, Literatur und Kunst. Thomas Knubben ist Mitglied im PEN.

Bibliographische Information der Deutschen Nationalbibliothek
Die Deutsche Nationalbibliothek verzeichnet diese Publikation in der Deutschen Nationalbibliographie, detaillierte bibliographische Daten sind im Internet unter https://portal.dnb.de abrufbar.

Jede Verwertung des Werkes außerhalb der Grenzen des Urhebergesetzes ist unzulässig und strafbar. Dies gilt insbesondere für Übersetzungen, Nachdruck, Mikroverfilmung oder vergleichbare Verfahren sowie für die Speicherung in Dateiverarbeitungsanlagen.

1. Auflage 2023
ISBN 978-3-7776-3084-7 (Print)
ISBN 978-3-7776-3248-3 (E-Book, epub)

In der Reihe »Literarisches Sachbuch«
ISSN 2747-3279 (Print)
ISSN 2747-3287 (E-Book, epub)

© 2023 S. Hirzel Verlag GmbH
Birkenwaldstraße 44, 70191 Stuttgart
Printed in Germany
Einbandgestaltung: Christiane Hemmerich, Tübingen
Lektorat: Doris Binger, München
Satz und Layout: Ricco Marrone, Konstanz
Druck und Bindung: CPI Books GmbH, Leck

www.hirzel.de

Meer und Erd' und den grenzenlosen Himmel
  Hast du, Mayer, vermessen:
Nun aber deckt dich geringen Staubes spärliche Gabe
  Nah der geschlossenen Kirche; nichts ist dir nütze
Dass du den schweifenden Mond regiert, die Stern' am Himmel bewegt hast;
  Da du doch sterben musstest.

Abraham Gotthelf Kästner, 1762

1
DIE HOCHZEITSREISE

Am 16. März 1751, es war ein Dienstag, machte sich eine Kutsche, gezogen von zwei Pferden, auf den Weg von der alten Reichsstadt Nürnberg in die Universitätsstadt Göttingen. Darin saßen ein junger Mann von 28 Jahren, seine gerade frisch angetraute Frau und deren Cousin. Der junge Mann trug den Allerweltsnamen Mayer. Er war ein paar Monate zuvor als Professor für Ökonomie nach Göttingen berufen worden, und dies, obwohl er kein Ökonom war, niemals Ökonomie oder irgendein anderes Fach an einer Universität studiert und sich um die Stelle auch nicht beworben hatte. Dennoch hatte die Universität ein großes Interesse, den Mann für sich zu gewinnen, hatte er doch als Kartograph und Astronom bereits einiges Geschick bewiesen und bot nun der jungen Universität die Aussicht, einige der dringlichsten Probleme der Zeit für sie zu lösen.

Die Reise diente also dem Antritt seiner neuen Stelle. Zugleich war es auch seine Hochzeitsreise, wenngleich zu dieser Zeit Hochzeitsreisen noch nicht gebräuchlich waren und es daher weder die Sache noch den Begriff dafür gab. Immerhin konnte das Paar mit einigem Recht behaupten, dass es sich in den Flitterwochen befand, denn Mayer und seine Frau hatten kaum vier Wochen zuvor geheiratet. Neben den Flittern und Bändern, mit denen die Braut geschmückt war und welche die Haube geziert hatte, die sie mit sich führen mochte, befanden sich in der Kutsche freilich noch eine Menge Material und Instrumente, die man gewöhnlich nicht auf Hochzeitsreisen mitnimmt und auch als angehender Ökonom gemeinhin nicht benötigt: Fernrohr und Winkelmesser, Astrolabium und Repetitionskreis. Dazuhin jede Menge Karten.

Mayer betrachtete die Fahrt keineswegs als Vergnügungsreise. Er nahm sie vielmehr als willkommene Gelegenheit für seine wissenschaftlichen Studien. Am Vortag hatten ihn seine Nürnberger Freunde in einer großen Feier verabschiedet und mehrere erwartungsvolle Reden auf ihn gehalten. Insbesondere Johann Michael Franz, Mitinhaber des Verlages *Homännische Erben*, für den Mayer die letzten fünf Jahre gearbeitet hatte, verband mit dessen Berufung große Erwartungen. Die erste richtete sich schon auf die Anreise. Sie sollte seinen Vorstellungen zufolge als Auftakt für einen neuartigen Reiseatlas dienen, der präzise Auskunft gab über den Straßenverlauf von einer wichtigen Stadt zur anderen. Nürnberg und Göttingen waren zwei solch wichtige Städte. Und da Mayer nun mal auf dieser Strecke unterwegs war, sollte der neue Reiseatlas mit dieser Karte beginnen.

Franz erachtete die Berufung Mayers nach Göttingen und seine Idee für so bedeutsam, dass er die Abschiedsreden nicht nur bei sich aufbewahrte, sondern umgehend auch noch drucken ließ und damit gleichsam eine Staatsangelegenheit daraus machte. Und das war sie auch. Denn die Hunderte von Herrschaften, Herzog- und Fürstentümern, Graf- und Ritterschaften, Reichstädten und Reichsklöstern, aus denen sich das Heilige Römische Reich zusammensetzte, waren darauf bedacht, ihre Herrschaftsgebiete politisch und ökonomisch zusammenzuhalten, sie nach außen zu verteidigen und im Inneren prosperierend zu machen. Wo sich die Gelegenheit bot, etwa bei Erbfolgestreitigkeiten, griff man gerne auch mal militärisch bei den Nachbarn zu, arrondierte auf diese Weise das eigene Territorium und stärkte so seine Position im Gefüge des labilen Reiches. Damit solches gelang, brauchte es freilich nicht nur ein ausreichend großes Heer, das jederzeit abrufbereit war, sondern auch eine stetig erweiterte Bürokratie, die in allen Bereichen Nachschub bereitstellte – bei den Soldaten für allfällige kriegerische Auseinandersetzungen, bei den Baustoffen für die Schlösser und Festungen, in der Versorgung von Hof und Stadt mit allem Lebensnotwendigen und manchen

Luxusgütern, die für die Repräsentation als unverzichtbar angesehen wurden. Vor allem aber hatten die Beamten für reichlich Nachschub an Steuern und Abgaben zu sorgen, um all die Aufwendungen zu finanzieren. Den einen Teil dazu mussten die Bauern leisten, sie machten ungefähr 80 Prozent der Untertanen aus, den anderen Handel und Gewerbe. Diese wiederum benötigten für ihre Geschäfte ein halbwegs ausgebautes, sicheres Verkehrsnetz und taugliche Karten. Die Kartografie war daher in der frühen Neuzeit zu einer Grundlagenwissenschaft avanciert, die ihr Können zunächst auf den Seewegen, dann zu Lande und schließlich auch bei der Vermessung des Himmels unter Beweis stellen musste.

Die *Homannsche Landkartenoffizin,* 1702 von Johann Baptist Homann in Nürnberg gegründet, war einer der bedeutendsten Kartenverlage Europas im 18. Jahrhundert. Johann Michael Franz hatte sie zusammen mit seinem Compagnon Johann Georg Ebersberger 1730 vom Sohn des Verlagsgründers übernommen und systematisch ausgebaut. Er erkannte die Zeichen der Zeit und wusste, dass er für seine Bestrebungen vorzügliches Personal benötigte. In seiner Abschiedsrede auf Mayer würdigte er nicht nur dessen Verdienste, sondern entwarf auch ein treffendes Bild für dessen Arbeitseifer. Der sei nämlich darin zu erkennen, dass Mayer »des Nachts […] am Himmel und besonders auf dem Mond herum, des Tages auf der Erde« spaziere. Damit waren die beiden Hauptarbeitsgebiete des angehenden Professors zutreffend dargestellt, hatte der sich als Angestellter des Kartenverlags doch jahrelang, Tag für Tag, darum bemüht, die bis dahin verfügbaren, zumeist recht ungenauen Landkarten nachhaltig zu verbessern. Die Nachtstunden aber nutzte er so oft es ging für seine astronomischen Studien, insbesondere für die Beobachtung und Berechnung der Mondumlaufbahn. Beides, Astronomie und Kartographie, waren unmittelbar miteinander verwoben, denn die zentrale Voraussetzung für die Verbesserung des

Kartenwesens bestand darin, die geographische Lage der Hauptorte präzise zu bestimmen. Dies aber konnte mangels einer ausgereiften Landvermessung, die in Deutschland erst ab Ende des 18. Jahrhunderts angegangen wurde, nur über astronomische Berechnungen gelingen.

Mayers Spaziergänge am Himmel und auf der Erde fanden zumeist in den eigenen vier Wänden statt. So vielgestaltig seine Interessen waren und so ausgreifend sein Arbeitsfeld über die ganze Erde und alle Meere hinweg bis hin zum Mond und zum Sternenhimmel, so begrenzt blieb sein eigener, persönlich erlebter geographischer Erfahrungsraum. Von Immanuel Kant, ein Jahr jünger als Mayer, wird immer berichtet, er habe sein geliebtes Königsberg nie verlassen und die philosophische Revolution in der Erkundung menschlicher Erkenntnisfähigkeit allein von seiner Studierstube aus bewerkstelligt. Ganz stimmt das zwar nicht, denn schließlich musste er nach dem Tod des Vaters, um sich und seine Geschwister zu versorgen, mehrfach Stellen als Hauslehrer außerhalb von Königsberg annehmen. Da er die ihm in Erlangen, Jena und Halle angebotenen Professuren aber allesamt ablehnte, blieb Königsberg am Ende tatsächlich Dreh- und Angelpunkt seines ganzen Lebens.

Mayers Lebensgeviert griff ein wenig weiter aus. Es bildete mit den Eckpunkten Stuttgart, Augsburg, Nürnberg und Göttingen eine leicht verzogene Raute. Im Kern ähnelte seine lokal reduzierte Perspektive auf die Welt aber durchaus der von Kant, wenn auch in anderer Ausprägung. Auch er war im Wesentlichen auf seine eigenen intellektuellen Potenziale angewiesen und entwickelte seine wissenschaftlichen Ideen, wenn nicht in der Sternwarte, dann in seiner Studierstube. Während für Kant jedoch die philosophische Logik den Raum der peniblen kritischen Reflexion darstellte, waren es bei Mayer die Astronomie und Mathematik, die er abzugleichen versuchte. Und bildeten in Kants geisteswissenschaftlichen Erkundungen Gedankenexperimente das Instrument zur Überprüfung seiner Theorien, so waren es bei Mayer mit seinem naturwissenschaftlichen Ansatz Beobachtungen am Himmel und auf der Erde, die ihn bei seinen Studien leiteten und die er mathematisch exakt zu erfassen suchte. Beide aber, Mayer wie Kant, schufen aus ihren vier Wänden heraus eine neue Rahmenordnung für die Betrachtung des menschlichen Kosmos.

Im März 1751, als Mayer sich nach Göttingen aufmachte, war es noch nicht ganz so weit. Die Aufgaben, denen die Welt und auch er sich gegenübergestellt sah, wurden von seinem bisherigen Chef und Arbeitgeber Johann Michael Franz aber im Hinblick auf die Notwendigkeit einer *Staats-Geographie* und eines *Staats-Geographen*, der sie erledigen sollte, vorsorglich schon einmal formuliert und detailliert aufgelistet. Dieser Staatsgeograph sollte eine Art *Weltbeschreiber* sein, der »in der Mathematik, Historie und Naturlehre« und auch den »übrigen Wissenschafften« wohl beschlagen sein musste. Als Mathematiker sollte er die Aufsicht über die Landesvermessung übernehmen und wenn nötig in der Lage sein, besondere Messungen auch selbst vorzunehmen. Als Historiker und Naturkundler war ihm aufgetragen, die »vollständigste Land- und Ortsbeschreibung zu verfassen und »Nachrichten zu sammeln von all den Dingen, die den natürlichen, weltlichen und geistlichen Zustand des Landes ausmachen.« Die Resultate seiner Erkundungen sollten von ihm sodann zu einem Lehrgebäude zusammengefasst und mit den notwendigen Landkarten versehen publiziert werden. Damit aber nicht genug. Da dieser Staatsgeograph bei seinen geistigen wie promenadologischen Streifzügen durch das Land in jeder Hinsicht »vollkommen kundig« geworden sei und folglich auch Defizite und Mängel ausgemacht haben muss, müsse er auch gleich entsprechende Verbesserungen für die Landwirtschaft, die Baukunst, Handel und Wandel unterbreiten. Stoff habe er ja »genug zur Erfindung neuer Dinge, die einem Volck und Lande ersprießlich« werden können. So könne er den Reisenden Verzeichnisse über alle Wege, Straßen und Stationen verfertigen, der Jugend den Geographieunterricht erteilen oder zumindest beaufsichtigen, die Fürsten und andere hohen Herren bei Reisen in ferne Lande begleiten und zugleich das Reisejournal führen, dabei auch nicht versäumen, Beobachtungen am Himmel anzustellen. In Kriegszeiten sollte es ihm obliegen, als landeskundlicher Berater Dienst zu tun, die Karten der Armeeingenieure in Ordnung zu bringen und dem Landesherrn bereitzustellen. Um all diese Aufgaben bewerkstelligen zu können, solle er »von allen geographischen Neuigkeiten, Büchern, Land- See und Himmelskarten die vollständigste Kenntnis besitzen« und Sorge dafür tragen, die landesfürstliche Bibliothek bei den Ankäufen zu beraten.

Damit waren die Potenziale eines Staatsgeographen indes noch nicht vollständig beschrieben. Es wird aber bereits deutlich, dass es sich keineswegs um einen »Titelgeographus« oder einen bloßen »Landkartenschmid« handeln sollte, sondern um einen erstklassigen Wissenschaftler, der all seine Kompetenz dem Staat, bei dem er bestellt war, auf jede erdenkliche Art und Weise nutzbar machen sollte. Noch gab es in Deutschland im Gegensatz zu Frankreich in keinem der zahlreichen Fürstentümer und Herrschaften einen solchen Staatsgeographen. Da sich aber die Künste und Wissenschaften im Kurfürstentum Hannover mit seinem jüngst geschaffenen Musensitz in Göttingen in einer Weise emporgeschwungen hätten, wie das an anderen Orten mit weit älteren Universitäten kaum der Fall war, sprach vieles dafür, die große Unternehmung dort zu beginnen. Und keine Frage, für eine solche Aufgabe kam nur einer in Betracht – Tobias Mayer. Nur er verfügte für Franz über die notwendigen Voraussetzungen, das Talent, die Erfahrung, den Fleiß, das Geschick und fortan auch über die erforderliche Stellung, all die Anforderungen in ein großes Ganzes zu fügen.

Auch wenn Mayer kein Historiker war und sich bis dahin auch nicht als Naturkundler im engeren Sinne hervorgetan hatte, so hatte er durch sein bisheriges Tun so viel Anerkennung und Wertschätzung erlangt, dass ihm alles zuzutrauen und angesichts seines Arbeitseifers und seiner Belastbarkeit auch alles zuzumuten war. Seine intellektuelle und berufliche Karriere hatte ihn von ersten, noch tastenden Versuchen als Zeichner eines Stadtplanes, den er in Esslingen schon als Jugendlicher verfertigt hatte, zu einem der besten Kartographen Deutschlands sowie, weil eine stimmige Kartographie ohne astronomische Kenntnisse nicht zu bewerkstelligen war, zu einem der erfindungsreichsten Astronomen seiner Zeit werden lassen. Und da die Universitäten bei allen Freiheiten und Vorrechten, die ihnen zugestanden wurden, überall dem landesherrlichen Regiment unterstanden, schien es nur angemessen, die Talente und Arbeitskapazitäten ihrer Professoren für die jeweiligen staatlichen Interessen einzufordern. Franz sah im Wechsel Mayers nach Göttingen daher nicht nur eine Chance für seinen neuen Landesherrn, sondern auch für den Aufschwung der Geographie als einer Kerndisziplin der modernen Zeit. Er versah seine Rede auf Mayer zugleich mit dem aufrichtigen Bedauern über einen Abschied, den er offensichtlich noch nicht recht wahrhaben wollte: »Er gehet würklich nach Göttingen ab, nach Göttingen, wovon keine Rückkehr mehr zu hoffen ist. Trauriges Schicksal!« Mayer ist tatsächlich nicht mehr nach Nürnberg zurückgekehrt. Dem Schicksal wusste Franz aber ein Schnäppchen zu schlagen, indem er dem Freund und Mitarbeiter ein paar Jahre später nach Göttingen folgte und seinerseits eine Professur an der Universität annahm, die in den Naturwissenschaften unbestritten die Spitzenstellung in Deutschland innehatte.

Jede große Unternehmung beginnt mit dem ersten Schritt. So auch das Projekt des Reiseatlasses für Deutschland, den der Homannsche Kartenverlag als Teil seiner kosmographischen Vision mit der Antrittsreise Mayers startete. Die Strecke von Nürnberg nach Göttingen umfasst heute auf dem schnellsten Weg über Bamberg, Fulda und Kassel genau 347 km. Bis Bamberg folgte Mayer dieser Spur, nahm danach jedoch einen Weg weiter östlich ziemlich genau der Luftlinie entlang über Meiningen. Bei einem Meilenmaß von 7,5 Kilometer ergab das auf der Karte eine Strecke von rund 240 km oder 63 Reisestunden. Die Streckenangabe differiert damit von den Daten, die bei Google Maps heute mit 284 km und 59 Stunden für eine Fußreise für diesen Weg berechnet werden, während die Reisedauer recht präzise ist. Mit einer Postkutsche, bei der an festen Poststationen bei Bedarf die Pferde gewechselt werden konnten und die als Eilpost auch die Nacht durchfuhr, war eine solche Distanz in drei Tagen zu bewältigen. Zwischen Nürnberg und Göttingen gab es aber um 1750 keinen regelmäßigen Postkutschenverkehr, schon gar nicht auf dem Weg, den Mayer nahm. Er dürfte also eine Leihkutsche gemietet haben, zumal er auch noch seinen Hausrat umziehen musste. Als Reisezeit wird man daher rund eine Woche veranschlagen müssen. Dieses eher langsame Fortkommen dürfte Mayer nicht unrecht gewesen sein, denn es verschaffte ihm die Gelegenheit, das zu tun, was er am besten konnte und was er am liebsten tat: eine Karte zu zeichnen und zwar genau von der Strecke, die er gerade befuhr.

Wie solches zu bewerkstelligen war, das hatte Mayer mit gerade mal 22 Jahren in seinem *Mathematischen Atlas*, der sein bis dahin gesammeltes Wissen wiedergab, beschrieben. Jetzt galt es, das theoretische Wissen praktisch umzusetzen. Für ein regelrechtes und systematisches trigonometrisches Verfahren, mit dem die Landesvermessung später arbeitete, fehlte die Zeit und gewiss auch die Ausrüstung. Mayer musste anders vorgehen. Das Wichtigste dabei war, die Luftlinie, die er offensichtlich anstrebte, so gut es ging, einzuhalten und die Strecken zwischen den einzelnen Orten, die er durchfuhr, möglichst genau zu messen. Für ersteres war der Kom-

Streckenmessung mit Kompass und Zählung der Wagenradumdrehungen
Illustration aus Paul Pfinzings Methodus Geometrica, 1598

pass ein unverzichtbares Instrument, für letzteres wird er auf einen Wegemesser zurückgegriffen haben. Der Wegemesser funktionierte wie das klassische Tachometer an einem Fahrrad. Er wurde an der Kutsche befestigt und die zurückgelegte Strecke über die Drehzahl des Rades, das über ein Zählwerk verfügte, ermittelt. Der Wegemesser hatte den Vorteil, auch gewundene Wege genau zu erfassen, was für einen Reiseatlas, der nicht nur geographische Entfernungen, sondern tatsächlich zurückzulegende Wege korrekt benennen sollte, unabdingbar war.

Die ständige Kontrolle der Himmelsrichtungen und die permanente Erfassung der Drehzahlen des Wegemessers erforderten mindestens zwei Akteure. Da zusätzlich auf der angestrebten Reisekarte aber auch noch landschaftliche Erscheinungen wie Wälder, Hügel und Flüsse, außerdem Städte, Marktflecken und Dörfer, unterschieden nach katholisch oder evangelisch, sowie Schlösser, Ruinen und Zollstationen eingetragen werden sollten, war es hilfreich, dass Mayer mit zwei Reisegefährten, seiner Frau Maria Victoria und deren Cousin Johann Andreas Friedrich Yelin unterwegs war. Yelin, der zugleich Mayers Schüler war und seine Studien bei ihm in Göttingen fortsetzen wollte, diente ihm folglich als kundiger Assistent. Er wird auf dem fertigen Riss als der eigentliche Zeichner genannt, der die Mayersche Reisekarte auf der Basis von dessen Aufzeichnungen erstellt habe.

Die fertige Karte im Maßstab von ca. 1 : 350.000, die als *Iter Mayerianum ad Musas Goettingenses*, also als Mayerscher Reiseweg an die Göttinger Universität in den Handel kam, musste angesichts ihres außergewöhnlichen Maßes, das die üblichen Papierformate überstieg, in zwei Teilen nebeneinander gedruckt werden. Auseinandergeschnitten und an markierten Stellen zusammengesetzt ergaben sie eine Streifenkarte von 45 x 110 cm. Ihre Anmutung ist eher technisch, auch wenn Hügel, Wälder und Flussläufe, die sich in einer Distanz von rund einer Meile links und rechts des Weges auftaten, eingezeichnet sind. Am markantesten neben all den kleinen, peinlich vermerkten Ortschaften sind die vielen, durch eine grüne oder rote Linienfärbung herausgehobenen Landesgrenzen. Sie waren schon deswegen erheblich, weil an jeder Grenzstation Zoll- und Wegegebühren fällig waren. Neben Angaben zu Streckenverlauf und Streckenlänge gehörten die Zollstätten daher zu den Kerninformationen, die ein solcher neuartiger Reiseatlas zu bieten hatte.

Die rund 280 Kilometer lange Reise Mayers startete also in der Reichsstadt Nürnberg und führte zunächst über das Gebiet der Markgrafen von Brandenburg-Bayreuth, um sich dann zwischen den Territorien der Stifte Bamberg und Würzburg durchzuwinden. Danach folgten die sächsischen Herzogtümer Coburg, Meiningen, Römhild und Eisenach. Dazwischen und danach erstreckten sich jeweils hessische Territorien, bevor die Reise über das zum Erzbistum

Tobias Mayers Reisekarte Nürnberg – Göttingen, 1751 (unterer Teil)

Mainz zählende Eichsfelder Gebiet in das Kurfürstentum Hannover und den zugehörigen Zielort Göttingen mündete. Eine Vielzahl von Zollstationen waren folglich auf diesem Weg zu passieren, was die Reise nicht nur kostspielig, sondern auch bürokratisch mühsam machte. Dies umso mehr, als sich mit dem Wechsel von einer Herrschaft zur anderen die Währungen und Maßeinheiten ändern konnten. Wie verwirrend die Verhältnisse waren, die erst im Laufe des 19. Jahrhunderts mit dem Deutschen Zollverein und der Reichsgründung zu einer anhaltenden Vereinheitlichung führten, verdeutlicht beispielhaft die Mannigfaltigkeit dessen, was unter einer Meile verstanden wurde. Auch wenn der Begriff überall derselbe war, konnte er ganz unterschiedliche Streckenlängen bezeichnen. Gedanklich und etymologisch stammte die Meile von den Römern. Sie sollte das gewaltige Reich administrativ und militärisch unter Kontrolle zu bringen helfen. Dafür wurden mit enormem Aufwand Straßen und Wege gebaut und die Distanzen zwischen den wichtigsten Stationen mit Meilensteinen markiert. Eine Meile umfasste tausend Doppelschritte – *mille passus* – und maß damit rund 1,5 km. Der Begriff und die Idee wurden von den Nachfolgern übernommen und in alle Welt und viele Staaten exportiert, die Maßeinheit aber vielfach variiert, und dies nicht nur in verschiedenen Regionen Europas und der Welt, sondern auch im alten deutschen Reich. So maß eine alte Landmeile in Württemberg 7448,7 Meter, im Badischen 8889,9 Meter, im Kurfürstentum Sachsen 9062 Meter und im Hannoverschen Gebiet sogar 9323 Meter, zeit- bzw. ortsweise auch 9347 Meter. Da Mayers Reise durch verschiedene Herrschaftsgebiete führte, musste er sich für seine Streckenbestimmung für eine übergeordnete Maßeinheit entscheiden. Er dürfte sich dabei an den größten Herrschaften des Alten Reiches, also Österreich mit einer Meilengröße von umgerechnet 7587,75 Meter und Preußen von 7532,5 Meter orientiert haben. Er problematisiert die Frage auf seiner Reisekarte allerdings nicht weiter, sondern vermerkt ganz schlicht: »Die Seite eines Quadrats in der Carte ist allezeit eine Meile oder zwey mittelmaessige Stunden« – Fußwegs, wie man zu ergänzen hat.

Mayers Kartenprojekt ist in mehrerlei Hinsicht signifikant. Zunächst zeigt es in der Benennung, welche Wertschätzung ihm zu diesem Zeitpunkt mit seinen 28 Jahren bereits entgegengebracht wurde und welche Erwartungen damit verbunden waren. Darüber hinaus markiert es die Bedeutung, welche die Kartographie und mit ihr die Astronomie im 18. Jahrhundert einnahmen. Dies in zweierlei Hinsicht: zum einen in ihrem praktischen Nutzen für den sich immer stärker ausbildende Staatsapparat, das Verkehrswesen, den Handel, das allgemeine Geschäftsleben, den zunehmenden Reiseverkehr, die verstärkte Kommunikation im diplomatischen und wissenschaftlichen Austausch wie auch für das Kriegsgeschäft. Zum anderen aber als Instrument der Weltaneignung, wie sie sich die Aufklärung in ihrem universellen Drang zur Erkundung und Durchdringung des Kosmos auf die Fahne geschrieben hatte. Für diese ehrgeizige Unternehmung brauchte es geeignete, allgemein gültige und anerkannte Systeme der Erfassung und Dokumentation. Dazu zählten zuvorderst Lexika und Enzyklopädien, sodann Taxonomien wie Carl von Linnés *Systema naturae* von 1758, in der er die bis heute gültige binäre Nomenklatur aller biologischer Lebewesen festlegte, sowie alle Arten von Karten und Atlanten.

Enzyklopädien nahmen zu Beginn des 18. Jahrhunderts einen ungeheuren Aufschwung. Sie fanden in Deutschland in *Zedlers Universal-Lexicon Aller Wissenschaften und Künste* ihren für lange Zeit umfangreichsten und umfassendsten Ausdruck. Es erschien zwischen 1731 und 1754 in Halle und Leipzig, Ergänzungen hinzugerechnet, in 68 Bänden und erhob schon auf dem Titel den Anspruch, das Wissen »Aller Wissenschaften und Künste, Welche bishero durch menschlichen Verstand und Witz erfunden und verbessert worden«, zu verzeichnen. Dessen Methode der Erkenntnisgewinnung bestand allerdings im eifrigen Kopieren und Kompilieren von Artikeln, die zuvor bereits in ähnlichen französischen und englischen Publikationen erschienen waren. Das war zwar verdienstvoll, da dadurch entlegenes Wissen auch dem deutschen Publikum zugänglich gemacht wurde, druckte das Erreichbare aber lediglich nach, verzichtete auch auf die Angabe der verantwortlichen Autoren und entbehrte so der notwendigen und überprüfbaren kritischen Distanz.

Genau in dem Jahr, als Tobias Mayer nach Göttingen wechselte, erschienen jedoch in Paris die ersten Bände einer gänzlich anderen, deutlich kritischer angelegten neuen Enzyklopädie, die in ihrem Titel *Encyclopédie ou Dictionnaire raisonné des sciences, des arts et des métiers* bereits signalisierte, dass sie als *durchdachtes Wörterbuch* den aufklärerischen Anspruch der Epoche, den Erscheinungen der Welt allein durch Vernunft zu begegnen, konsequent umzusetzen gedachte. Ihre Herausgeber Denis Diderot und Jean Baptiste le Rond d'Alembert, die als Mitglieder der Königlichen Akademie von Paris, der Preußischen Akademie der Künste und Wissenschaften in Berlin und der Royal Society in London über ausreichend Renommee und Kontakte verfügten, schufen mit ihrem am Ende 35-bändigen lexikalischen Werk ein Muster der kritischen Reflexion, welches das Ziel verfolgte, die Welt neu zu denken und mit dieser Haltung Schule machte.

Die Welt neu zu denken – was damit gemeint war und was es bezwecken sollte, veranschaulicht der Artikel, den das neue Lexikon selbstreflexiv unter dem Stichwort »Enzyklopädie« fasste: »Tatsächlich zielt eine Enzyklopädie darauf ab, die auf der Erdoberfläche verstreuten Kenntnisse zu sammeln, das allgemeine System dieser Kenntnisse den Menschen darzulegen, mit denen wir zusammenleben, und es den nach uns kommenden Menschen zu überliefern, damit die Arbeit der vergangenen Jahrhunderte nicht nutzlos für die kommenden Jahrhunderte gewesen sei.« Die von Diderot dargelegte Zielsetzung deckt sich in ihrem ersten Teil – die auf der Erdoberfläche verstreuten Kenntnisse zu sammeln und darzulegen – auffällig mit den Erwartungen Franzens an die Geographie, die er dem Kollegen Mayer mit auf dem Weg gegeben hatte. Der zweite Teil hingegen markiert das Anliegen dieses Bandes: Das System dieser Kenntnisse den kommenden Menschen zu überliefern. Denn der »unsterbliche Mayer«, wie ihn später sein Göttinger Kollege Carl Friedrich Gauß bezeichnete, ist nicht nur wie Diderot ein Aufklärer par excellence, sondern der Musterfall eines Wissenschaftlers, der sein Leben dem Fortschritt menschlicher Erkenntnis widmete. Er konnte sich dabei allein auf seine grenzenlose Neugier, seine Wissbegierde und Hartnäckigkeit, seinen Erfindungsreichtum und den Austausch mit Gleichgesinnten stützen. Seine Erkenntnisse sind in den weiteren Entwicklungen der Wissenschaft aufgegangen, seine Haltung und seine wissenschaftliche Herangehensweise sind indes geblieben und bleiben weiterhin Ansporn und Maßstab für all jene, die den Dingen mit aller Entschiedenheit auf den Grund gehen wollen. Das machte Mayer nicht nur zu einem »Pionier der aufgeklärten Wissenschaft«, sondern auch zum Prototyp des Wissenschaftlers. Was aber kennzeichnet wissenschaftliches Denken und was macht einen talentierten, neugierigen und strebsamen Menschen letztlich zu einem Wissenschaftler? Darum soll es in dieser biographischen Fallstudie gehen.

Das Geburtshaus Tobias Mayers um 1865
mit der zum hundertsten Todestag 1862 angebrachten Gedenktafel

2
ZEIT UND RAUM

Als Tobias Mayer am 17. Februar 1723 in Marbach im Herzogtum Württemberg geboren wurde, deutete nichts darauf hin, dass das kleine, unscheinbare Städtchen jemals irgendeine größere Bedeutung gewinnen sollte. Der Name Marbach war zudem so verbreitet, dass es einer geographischen Zusatzbezeichnung wie *an der Lauter*, *im Felde*, *am Walde*, *an der Donau*, *an der Kleinen Krems* oder *am Neckar* bedurfte, um ihn klar zuordnen zu können. Später, als die Welt mit Mayers Hilfe nach allen Regeln der *Geodäsie* vermessen war, genügte die Angabe der geographischen Koordinaten 48° 56′ N, 9° 16′ O, um den Ort eindeutig zu identifizieren. Bis dahin war es freilich noch ein langer Weg, den buchstäblich und im übertragenen Sinne abzulaufen die Bestimmung des Tobias Mayer schien, bis er als »Vermesser des Meeres, der Erde und des Himmels« in die Geschichte eingehen konnte.

Tobias Mayer blieb für seine Lebensaufgabe wenig Zeit. Als er am 20. Februar 1762 in Göttingen starb, hatte er gerade sein 39. Lebensjahr vollendet. Sein Renommee als Mathematiker und Pionier der Astronomie war aber bereits so groß, dass es in der offiziellen Gedenkrede, die ihm seine Universität widmete, hieß: »Es wäre zu weitläufig, im einzelnen aufzuzählen, welche Bereicherungen diese Wissenschaften durch sein Genie erfahren haben; man könnte nämlich die Lebensjahre des Mannes nach seinen Entdeckungen zählen.«

Als Tobias Mayer abtrat, hatte mit Friedrich Schiller gerade ein anderer Marbacher die Bühne betreten. Er sollte den Namen des Ortes, in den beide eher zufällig hineingeboren wurden, noch nachhaltiger in die Welt hinaustragen, so sehr sogar, dass sich später einmal die Königin von England aufgefordert sah, dem Städtchen einen

Andreas Kieser: Ansicht von Marbach, 1680-87
Die zahlreichen württembergischen Ortsansichten des Herzoglichen Kriegsrats Kieser (1618-1688) entstanden als Nebenprodukt seiner Kartierung des württembergischen Fortbesitzes.

Besuch abzustatten, um mit eigenen Augen festzustellen, was es mit diesem Marbach auf sich hatte, dessen Name sich je nach Interpretation von seiner Lage an einem Grenzfluss oder von der Nutzung eines Gewässers als Pferdeschwemme ableitete. Denn sie war eine notorische Pferdeliebhaberin. Am Ende bekam sie jedoch keine Pferde zu sehen, sondern nur Bücher, Bilder und Manuskripte. Das aber war gut so, denn eine der Miniaturen zeigte *Maria Stuart*, eine andere Königin, die ihre Vorgängerin mit gleichem Namen hatte hinrichten lassen, weil sie ihr in die Quere gekommen war. Das ist allerdings eine andere Geschichte, die letztlich nur zeigt, dass alles mit allem zusammenhängt und es in der Wissenschaft vor allem darum geht, die Fäden immer korrekt auseinander zu halten, um sie an der richtigen Stelle wieder gekonnt oder zumindest einigermaßen passend zu verknüpfen.

Die Welt, in die Mayer geworfen wurde, war recht überschaubar. Das Herzogtum Württemberg, die größte Herrschaft im deutschen Südwesten, hatte zum Zeitpunkt seiner Geburt etwa 450.000 Einwohner, im gesamten Heiligen Römischen Reich unter Einschluss der Österreichischen Niederlande, Böhmens, Schlesiens und Pommerns lebten zu diesem Zeitpunkt rund 22 Millionen Menschen. Zwar waren die gewaltigen Bevölkerungsverluste des Dreißigjährigen Krieges

**Residenzschloss Ludwigsburg nach den Erweiterungsplänen
von Donato Giuseppe Frisoni, um 1727**
Kupferstich von Johann August Corvinus

mittlerweile wieder ausgeglichen, regelmäßige Kriege, Missernten und eine insgesamt eher schwach entwickelte Wirtschaftsstruktur verlangsamten jedoch die weitere Bevölkerungsentwicklung. Von den gut zwei Dutzend kleinen Städten, die auf württembergischem Territorium lagen, wies kaum eine mehr als 3.000 Einwohner auf. Stuttgart als Zentrum und Residenzstadt erreichte um 1730 etwas mehr als 11.000 Einwohner, Tübingen als zweitgrößte Stadt und Sitz der Landesuniversität zählte rund 5.000 Einwohner. Marbach hingegen war mit seinen kaum mehr als 1.000 Einwohnern eher ein größeres Dorf. Es hatte zudem an Bedeutung verloren, nachdem Herzog Eberhard Ludwig von 1704 an kaum zehn Kilometer entfernt in dem nach ihm benannten Ludwigsburg eine neue Residenz und bald darauf auch eine neue Stadt bauen ließ. Marbach verlor Teile seines Amtsbezirks sowie zentrale Funktionen und musste darüber hinaus auch noch Material bereitstellen und Frondienste leisten.

Tobias Mayer war von dieser Entwicklung nur am Rande berührt. Sein Vater, der den gelichen Namen trug, von Beruf Wagner und seit 1707 Bürger der Stadt war, zog im August 1723, also ein halbes Jahr nach der Geburt seines jüngsten Sohnes nach Esslingen. Beide Städte waren nur knapp vierzig Kilometer voneinander entfernt und durch den Neckar miteinander verbunden. Tobias Mayer, der Vater, der in Marbach zu den ärmeren Handwerkern mit geringem Besitz und schmalem Einkommen zählte, fand in Esslingen eine Anstellung als Brunnenmeister. Der Abschied aus Marbach war unrühmlich. Wie sich herausstellte, überstiegen seine Schulden das Vermögen, auch nachdem er sein bescheidenes, 1711 selbst errichtetes Haus, in dem der Sohn Tobias geboren wurde, verkauft hatte, so dass die Stadt ihm das Bürgerrecht aufkündigte und die Rückzahlung seiner Verbindlichkeiten streng überwachte. Esslingen bot die Möglichkeit zu einem Neuanfang, für Tobias, den Sohn, wurde es Ausgangspunkt und Bildungsstätte für eine beispiellose Karriere.

Esslingen war eine alte Reichsstadt mit deutlich urbaneren Zügen als Marbach und einer gänzlich eigenen, ausgebauten Infrastruktur. Sie unterstand keinem Landesherrn und konnte alle ihre Angelegenheiten weitestgehend selbst regeln. Dies galt zumindest so lange nicht die große Politik hereinspielte, was praktisch durchgehend der Fall war. Denn immer, wenn der Kaiser und das Reich in Kriege verwickelt waren, mussten auch die Reichsstädte mit der Bereitstellung von Soldaten, der Aufnahme von Truppen und beträchtlichen Abgaben zu deren Finanzierung beitragen. Und da sich Frankreich und die Habsburger in ihrer Doppelfunktion als Herrscher in ihren Erblanden und als Kaiser des Reiches fast das ganze Jahrhundert über in einem Machtkonflikt befanden, an dem sich je nach Interessenlage und Konstellation auch Preußen, Russland und England beteiligten, herrschte im Verlauf von Mayers Leben fast durchgehend Kriegszustand. Das begann 1733 bis 1735 mit dem Polnischen Erbfolgekrieg, in dem sich Frankreich gegen die drohende Ausweitung des Einflussbereiches der Habsburger in Lothringen wandte, setzte sich von 1736 bis 1739 fort mit dem Russisch-österreichischen Türkenkrieg, in dem sich Zar und Kaiser zusammenschlossen, um ihre Herrschaft bis zum Schwarzen Meer bzw. auf dem Balkan auszudehnen. Kaum war dieser beendet, folgte von 1740 bis 1748 der Österreichische Erbfolgekrieg, in dem die Habsburgerin Maria Theresia ihren Anspruch auf den österreichischen Thron durchsetzte. Danach schienen ein paar Jahre Ruhe einzukehren, bis von 1756 an der Siebenjährige Krieg alle Hoffnung auf Frieden und Wohlergehen zunichtemachte. Diesmal ging es nicht nur um die Machtbalance auf dem Kontinent, sondern auch um die Herrschaft in den nordamerikanischen Kolonien und die Sicherung der transatlantischen Handelswege.

All diese Konflikte machten sich direkt oder indirekt im Alltag der Bürger bemerkbar. Zwar belastend, aber keine unmittelbare Bedrohung für Leib und Leben, war es, wenn die Städte und Dörfer finanzielle Beiträge zu leisten hatten. Sie fielen regelmäßig an und konnten beträchtliche Höhen erreichen. So hatte das Esslinger Hospital, zu dem das Funden- und Waisenhaus gehörte, in dem Mayer aufwuchs, für den Polnischen und den Österreichischen Erbfolgekrieg einen Betrag von einer halben Million Gulden an die Stadt abzuführen. In Nürnberg, der vierten Station auf Mayers Lebensweg, standen das ganze 18. Jahrhundert hindurch nur etwa fünf Prozent des städtischen Haushalts für die inneren Belange, also Schulwesen, soziale Fürsorge, Gesundheitswesen, öffentliche Ordnung und Bauwesen zur Verfügung, 30 Prozent mussten hingegen für militärischen Aufwand und über 50 Prozent für den Schuldendienst aufgebracht werden. Noch schlimmer für die Bürger und das gesamte Gemeinwesen wurde es, wenn Truppen der eigenen Armee oder gar des Kriegsgegners Stadt und Land besetzten. Deren Versorgung musste aus der Region gedeckt werden. Tobias Mayer erlebte die Belastungen und die Bedrängnis, die das brachte, als in Göttingen fremde Offiziere in seinem Haus einquartiert wurden. Nicht nur, dass es äußerst eng wurde für seine eigene Familie, knapp und teuer mit der Versorgung von Lebensmitteln und Brennmaterial, dazuhin an eine konzentrierte Arbeit nicht mehr zu denken war, auch die Gefahr der Einschleppung von Seuchen und Krankheiten stieg erheblich. So sah sich Tobias Mayer zu Beginn des Siebenjährigen Krieges, als Franzosen in Göttingen einquartiert wurden, gezwungen, beim Prorektor der Universität dagegen zu protestieren. Mayer wusste, dass er sich der Einquartierung nicht grundsätzlich entziehen konnte. Nun aber erkannte er im gerade begonnenen Wochenbett seiner Frau, für die »die Unruhe und der Lermen im Haus […] sehr empfindlich« sei, doch einen Grund sich zu wehren: »Man pflegt doch sonst Häuser worinnen Wöchnerinnen liegen mit Einquartierung zu verschonen, und es sind vor 8 Tagen Häuser verschont geblieben, bey welchen keine solche Umstände statt fanden.«

Am schlimmsten wurde es, wenn das Kriegsgeschehen sich im engeren Umfeld abspielte, wenn die eigene Stadt belagert, beschossen oder in Brand gesteckt wurde, wie im Sommer 1693, als die Franzosen während des Pfälzischen Erbfolgekriegs in Marbach einfielen und die gesamte Stadt zerstörten. Die Folgen waren verheerend, zumal dann noch ein Winter mit sibirischer Kälte folgte, der die Bevölkerung regelrecht dahinraffte. Hatte das Städtchen 1692 noch 1.478 Einwohner, so sank dessen Zahl bis 1695 auf 609. Die Mayersche Familie war von den Kriegsfolgen direkt betroffen. Tobias' Großvater, der als Stadtknecht diente, verlor seine im Schlossbereich gelegene Dienstwohnung. Sie wurde nach dem Brand zunächst nicht wieder aufgebaut. Er musste sich daher um ein neues Unterkommen bemühen, erwarb einen Bauplatz und erstellte 1699 ein eigenes kleines Haus.

Kriege und Krisen, das waren die Kennzeichen und Rahmenbedingungen im Leben des überwiegenden Teils der Menschen, Überleben die große Herausforderung für Jeden und Jede vom ersten Tag an. Die hohe Kindersterblichkeit traf, auch wenn es leichte Unterschiede gab, alle Stände. Die Versorgung mit den elementaren Gütern des Lebens, mit Nahrung, Kleidung und Unterkunft war für die meisten ein täglicher Kampf. Gewonnen werden konnte er nur, wenn die Familien alle Ressourcen nutzten, die sich ihnen boten. Dazu zählte neben der Ausübung des eigentlichen Berufs der Anbau von Gemüse und Früchten im eigenen Garten, die Übernahme von Diensten aller Art, die Vermietung von Wohnraum an andere, der Kleinhandel und zur Not auch die Bitte um Unterstützung bei der Obrigkeit. Tobias Mayers Mutter war dazu gezwungen, als ihr Mann 1731 starb und sie nicht mehr ein noch aus wusste, wie sie die Kinder versorgen sollte. Diese Grundstruktur des häuslichen Wirtschaftens in der Frühen Neuzeit, die als *Ökonomie des Notbehelfs* treffend umschrieben ist, lässt sich bis ins 19. Jahrhundert hinein nachweisen. Tobias Mayers Großneffe Johann Samuel Wilhelm Mayer (1787–1832), dessen Leben und Wirtschaften gut dokumentiert ist, kann als sprechendes Beispiel dafür gelten. Er, der eine große Familie zu unterhalten hatte, arbeitete nicht nur als Kupferschmied in der eigenen Werkstatt und erwies sich als findiger Konstrukteur von Feuerspritzen und anderen Gütern, er stellte auch eigenen Most her und vertrieb ihn, vermietete eine Wohnung, handelte mit Wein und Likören, die er anderswo einkaufte, und betrieb hin und wieder sogar eine kleine Lotterie. So sehr er sich auch anstrengte, er kam doch nur schwer über die Runden.

Die Sorge um das Überleben und familiäre Fortkommen war keineswegs auf die kleinen Leute beschränkt. Überhaupt eine Ehe eingehen und eine Familie gründen zu können, erforderte bereits eine solide wirtschaftliche Basis, die erst einmal erreicht werden musste. Gelang dies nicht in ausreichendem Maße, dann versagte die jeweilige Obrigkeit, welche die Heirat in aller Regel zu genehmigen hatte, die Einwilligung. Daraus erklärt sich das recht hohe Heiratsalter von Mitte bis Ende Zwanzig in Deutschland. Das gilt auch für Tobias Mayer. Er ist bereits 28 Jahre alt und hatte gerade den Ruf nach Göttingen erhalten, als er die Ehe einging. Und selbst bei ihm, der durch sein Professorengehalt ein ordentliches Auskommen hatte, sah sich seine Witwe schon kurz nach seinem Tod gezwungen, die Geheimen Räte des Kurfürsten um eine Pension anzugehen. Die Not sei groß und ebenso die Schulden, das Haus sei erst zur Hälfte abbezahlt, außerdem stünden Reparaturen an, da die Franzosen das Gebäude beschädigt hätten. Das Gesuch wird abgelehnt, weil die schlechte Haushaltslage eine Pension unmöglich mache; zugleich wird die Witwenkasse der Kirchendeputation aber angewiesen, Mayers Familie eine »mehr als gewöhnliche Pension« angedeihen zu lassen.

Der Kampf ums tägliche Dasein war das eine, er bestimmte die gesamte frühe Neuzeit hindurch den Alltag der Allermeisten und entsprach in seinem Auf und Ab der zyklischen Struktur der Erfahrung von Zeit. Der bäuerliche Arbeits- und der christliche Festkalender regelten den Tages- und den Jahreslauf. Da rund 80 Prozent der Bevölkerung auf dem Land wohnten und von der Landwirtschaft abhängig waren, hing Wohl und Wehe des Lebens weitestgehend von den Launen der Natur ab. Sie erwies sich selten als freigiebig. Angesichts einer eher ungünstigen Klimaperiode, die als *Kleine Eiszeit* auch im *18.* Jahrhundert wirksam war, und aufgrund nur geringen Fortschritts in den Anbaumethoden, blieben Missernten und Hungerkrisen und darauffolgend Krankheit, Seuchen und hohe Sterblichkeit an der Tagesordnung. Ihnen zu begegnen, absorbierte bei den meisten Menschen den größten Teil der Zeit, Kraft und Aufmerksamkeit.

Zugleich, und das war das andere, wurde die frühe Neuzeit durch einen ungeheuren Aufschwung in den Wissenschaften und der Kunst, die begrifflich noch nicht klar geschieden wurden, geprägt. Leitwissenschaften dabei waren die Astronomie, die Physik und die Mathematik. Das waren auch die Felder, in denen Tobias Mayer wirkte und sich als ingeniöser Forscher bleibende Verdienste und die höchste Anerkennung seiner Fachkollegen erwarb. Zwischen der kopernikanischen Wende 1543 und der Französischen Revolution 1789 vollzogen sich die tiefgreifendsten wissenschaftlichen Umwälzungen, welche die Grundlagen für die Entstehung der modernen Welt schufen und die folgende Zeit bis heute maßgeblich bestimmen sollte. Mit der sogenannten *Aufklärung* entfaltete sich ausgehend von Europa eine Sicht auf die Welt, die der rationalen Analyse und der instrumentellen Vernunft die Vorherrschaft gegenüber alten magischen oder religiös dominierten Vorstellungen und Praktiken sicherte. Diese verschwanden zwar nie ganz, verloren aber an Relevanz und wurden in ihrer Wirksamkeit mehr und mehr eingehegt. Den Auftakt dazu schuf René Descartes mit der Veröffentlichung seines *Discours de la méthode* 1643, in dem er die Welt aufteilte in einen zu untersuchenden objektiven Gegenstand und ein dies bewerkstelligendes, erkenntnisfähiges Subjekt. Der Mensch wurde dadurch aus seinem Eingebundensein in die natürlichen Zusammenhänge herausgerissen und dem Denken als Werkzeug der Weltaneignung der Vorrang vor allen anderen Zugängen zum Dasein gegeben. Damit eröffnete sich ein grenzenloses Universum der Befragung der Wirklichkeit, die zuvor durch religiöse Dogmen, soziale Konventionen oder zu simple Weltdeutungen behindert wurde. Gesteigert wurde dieser Aufbruch in das moderne Denken, das sich allein an dem Kriterium der Vernunft orientieren sollte, durch eine neue Bewertung empirischer Wahrnehmung. Aussagen über die Befindlichkeit der Welt mussten sich anhand von gesicherten Beobachtungen und wenn möglich durch präzise Messungen überprüfen lassen. Der stärkste Impuls hierzu kam aus England, verbreitete sich aber rasch über den ganzen Kontinent und wurde mehr und mehr zum Maßstab des (natur)wissenschaftlichen Denkens, das in mathematischen Formeln ihren adäquaten Ausdruck fand. Die Denkform, die sich dergestalt in der Aufklärung artikulierte, wurde zur Lebensanschauung und zum Lebensinhalt Mayers.

Die Krisenhaftigkeit der Zeit und der Umbruch im Denken standen in einem inneren Zusammenhang. Die Bewältigung des einen erforderte die Öffnung zum anderen. Am augenscheinlichsten war dies in der Entwicklung der Wehrtechnik und dem Ausbau der inneren Grundlagen des modernen Staates. Wollte man sich im permanenten Wettstreit der Mächte um einzelne Territorien oder gar die Vorherrschaft in Europa behaupten, musste man sich in der Ausrüstung der Armeen auf dem Stand der Artillerietechnik halten und sich bei der passiven Sicherheit um widerstandsfähige Festungsbauten bemühen. Beide Aufgaben bedurften besonderer mathematischer und ingenieurstechnischer Kompetenz. Tobias Mayers erste berufliche Ambitionen nahmen diesen Impuls auf und mündeten 1745, da ist er gerade 22 Jahre alt, in ein Buch über das Fortifikationswesen. Es ist bereits sein drittes Werk. Zwar verfolgt er diesen Strang seines Interesses nur am Rande weiter, doch zeigt sich in der Verbindung von theoretischer Grundlegung und angewandter Technik ein Charakteristikum seines wissenschaftlichen Denkens.

Zu den technischen Innovationen kamen die administrativen und pädagogischen hinzu. Der politische Wettstreit und die damit verbundene Tendenz zur Monopolisierung der Macht führte zur Formierung der Territorialherrschaften, wodurch das staatliche Handeln in jeder Hinsicht eine neue Dimension gewann. Die Heere wurden größer und der Finanzbedarf dafür ebenso. Dies erforderte wiederum eine Bürokratie, welche die notwendigen Steuern und Abgaben eintrieb und die allenthalben lauernden Konflikte bearbeitete. Taugliche Beamte wiederum mussten erst herangezogen werden, weswegen ein funktionierendes Bildungssystem von den Elementarschulen bis hin zu den Universitäten geschaffen wurde. Die Anfänge dieses Prozesses lassen sich bereits im 16. Jahrhundert vor dem Hintergrund der Konflikte zwischen den Konfessionen verorten und können am Beispiel Württembergs besonders gut nachvollzogen werden. Hier widmeten die Herzöge bereits Mitte des 16. Jahrhunderts dem Beispiel Sachsens folgend eine Reihe von Klöstern, derer man aus protestantischer Sicht nicht mehr bedurfte, in Klosterschulen um. Damit wurde nicht nur eine flächendeckende Bildungslandschaft geschaffen, sondern auch deren Alimentierung durch die übernommenen Klostergüter gesichert. Diese Bildungsoffensive und die daraus hervorgegangenen Absolventen waren die Voraussetzung dafür, dass in Württemberg bereits 1649 die allgemeine Schulpflicht eingeführt werden konnte. Dies blieb nicht ohne Auswirkungen auf die Reichsstadt Esslingen, deren Schulsystem Tobias Mayer durchlief. Sie lag dem Herzogtum nicht nur sehr nahe, als protestantische Stadt war sie für die Versorgung mit Geistlichen und Lehrern zumindest teilweise auch auf die Absolventen des Evangelischen Stifts und der Universität Tübingen angewiesen. Sowohl in den Klosterschulen wie in den städtischen Gymnasien bestand der Unterricht im Kern in den sieben *artes liberales*. Dazu zählten Grammatik, Rhetorik und Dialektik zur sprachlich-logischen Formierung. Mit Geometrie, Arithmetik, Astronomie und Musik, deren harmonische Struktur naturgesetzlich konzipiert war, wurden die ersten Grundlagen auch für ein naturwissenschaftliches Denken gelegt. Wenn aber einmal die Tür zum offenen Denken aufgestoßen und die wissenschaftliche Neugier angefacht wird, was seit der Wende vom Mittelalter zur Neuzeit zunehmend der Fall war, lässt sie sich nicht mehr schließen.

Ein weiteres Innovationsfeld neben Technik, Verwaltung und Bildung waren die Künste. Die Anstrengungen, die sich hier insbesondere im Zeitalter des Barocks mit den großen Kirchen- und Schlossarchitekturen, mit Opernhäusern und Orchestern zeigen, für die der Neubau und der höfische Glanz des Schlosses in Ludwigsburg paradigmatisch stehen, scheinen auf den ersten Blick in fundamentalem Widerspruch zu den schmalen ökonomischen Ressourcen des Zeitalters zu stehen. Und tatsächlich überstiegen sie die finanzielle Potenz nicht nur des württembergischen Hofes, sondern vieler Herrschaften. Wenn sie dennoch angegangen und auch fertiggestellt wurden, dann deswegen, weil sie in ihrem symbolischen Gehalt ein tragendes Element des europäischen Mächtespiels waren, das der Repräsentation mindestens ebenso viel Bedeutung zumaß wie der realen Substanz, über die angesichts mangelnder Daten sowieso nur Mutmaßungen angestellt werden konnten.

Das Leben Mayers entfaltete sich vor diesem zeithistorischen Hintergrund, vollzog sich lebenspraktisch aber in deutlich engeren Kreisen. Zwar wurde er mit der Übernahme der Professur in Göttingen Untertan des englischen Königs und Kurfürsten von Hannover und damit eines der mächtigsten Herrscher Europas, der sich zudem auch noch persönlich für ihn interessierte, doch blieb sein alltägliches Umfeld immer überschaubar. Seine Heimatstadt Esslingen, in der er mehr als die Hälfte seines Lebens verbrachte, zählte zu seiner Zeit rund 5.000 Einwohner. Augsburg und Nürnberg waren mit jeweils rund 30.000 Einwohnern zwar beträchtlich größer, hatten aber längst nicht mehr den Rang und die Stellung der Jahrhunderte zuvor. Und Göttingen war in den ersten Jahrzehnten als Universitätsstadt mit etwa 7.000 Einwohnern nur unwestlich größer als Esslingen. Angesichts dieses begrenzten persönlichen Erfahrungsraums erstaunt es nur noch mehr, wie weit Mayer in seinem Denken und Trachten ausholte, wie er nicht nur den europäischen Kontinent vermaß, sondern auch als jemand, der nie in seinem Leben das Meer gesehen hat, eine Karte der Südsee anfertigte, die Navigation revolutionierte und schließlich sogar dem Mond ein neues Angesicht gab.

3
ÜBERLEBEN

Tobias Mayer wurde also 39 Jahre alt. Das war verglichen mit heutigen Lebenserwartungen wenig und nach biblischem Maß gerechnet nur ein halbes Leben, heißt es doch in Psalm 90: »Unser Leben währet siebzig Jahre, und wenn's hochkommt, so sind's achtzig.« Im Horizont des 18. Jahrhunderts betrachtet hatte Mayer dabei noch Glück. Den demographischen Werten zufolge gehörte er zu den weniger als 50 Prozent der Menschen, die überhaupt das Erwachsenenalter erreichten. Die durchschnittliche Lebenserwartung betrug in Deutschland um 1720 knapp über 30 Jahre, was statistisch betrachtet vor allem der hohen Kindersterblichkeit geschuldet war. Wie gefährdet das Leben von Anfang an, ja gerade am Anfang war, bezeugt seine eigene Familiengeschichte. Sein gleichnamiger Vater Tobias, der 49 Jahre alt wurde, war zweimal verheiratet. Aus der ersten Ehe mit Anna Margarethe Frank, die 1717 starb, entstammten vier Kinder. Auch die zweite Ehe mit Anna Catherina Fink war, wie Mayer in seinen Erinnerungen schreibt, »nicht unfruchtbar, denn außer einer Tochter, die 2 Jahre älter ist als ich und mir selbst hatten meine Eltern noch verschiedene Söhne, die aber alle sehr jung gestorben sind.« Aus den zwei Ehen seines Vaters sind also acht Kinder hervorgegangen, deren Namen bekannt sind. Fünf davon starben unmittelbar nach der Geburt oder im frühen Kindesalter. Nur dem Stiefbruder Georg Wilhelm, 1714 geboren und gestorben 1787, war ein gesegnetes Alter beschieden.

Das Leben war im Durchschnitt sehr kurz. Kaum erwacht, drohte es bald schon wieder zu erlöschen. Der Tod klopfte ständig an die Tür, ihm war nur schwer zu entkommen. Er wies oft tragische Züge auf. Einer der »verschiedenen Söhne« aus der zweiten Ehe des Vaters hätte vielleicht das Erwachsenenalter erreichen können, wenn

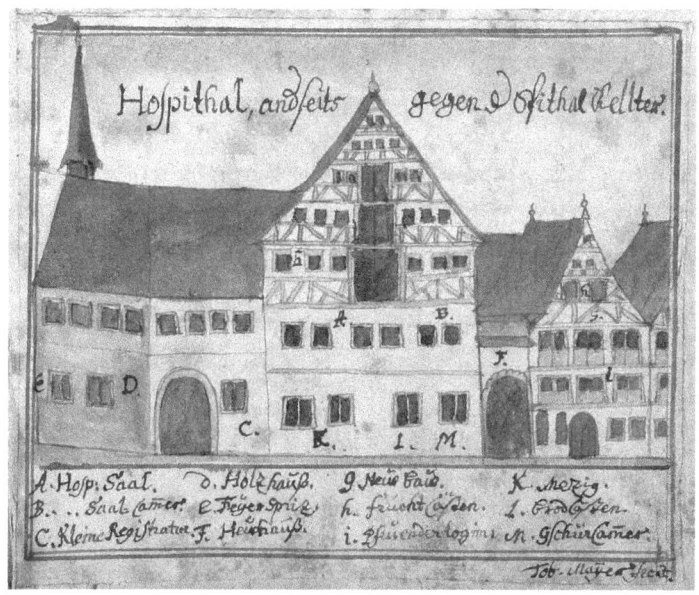

Aquarellierte Zeichnung des 14-jährigen Tobias Mayer vom Esslinger Katharinenhospital, 1737 (Ausschnitt)

er nicht, gerade zwei Jahre alt, durch einen »unglücklichen Zufall« zu Tode gekommen wäre. Mayer selbst schildert den Fall: »Ein Kerl, welcher fast täglich in das Haus meines Vaters kam, traf einsten dieses unglückliche Kind an dem Tische spielend an, da eben sonst niemand zugegen war. Er scherzte mit demselben, und um ihm vielleicht durch eine Abwechslung mehr Freude zu machen, nahm er eine Flinte herunter, spannte den Hahnen und indem er gegen das lächelnde Kind zielete, drückte er los. Er erschrak nicht wenig, da ihm der Knall zu verstehen gab, daß das Gewehr geladen gewesen, noch mehr aber, als er sah, daß das Kind todt niederfiel und sein Gehirn an der Wand versprützet war.« Der Unglücksschütze wurde zur Zwangsarbeit auf den Hohen Asperg verurteilt und soll danach »immer tiefsinnig und traurig gewesen seyn.«

Auch Mayer selbst hätte als Kind beinahe sein Leben verloren, als er beim Streunen übers Feld einen Wassergraben überspringen wollte, es aber nicht ganz schaffte, ins gefährlich tiefe Wasser fiel und womöglich ertrunken wäre, wenn ihn ein Bekannter, der die Szene beobachtet hatte, nicht herausgezogen und gerettet hätte. Die Karriere des späteren Wissenschaftlers wäre noch vor ihrem Beginn zu Ende gewesen. Seine Lektion aber hatte er gelernt: »Es brauchte nicht viel Warnens, mich vor dem Graben künftig zu hüten«, und eine Erkenntnis daraus bewahrte er sich bis an sein Lebensende: »Die eigene Erfahrung ist die beste Lehrmeisterin.« Hier spricht der angehende Empiriker.

Aus Mayers eigener Ehe mit Maria Victoria Gnüg gingen gleichfalls acht Kinder hervor. Deren Lebensdaten lesen sich wie eine Totenlitanei: Elisabeth Clara, geboren 1754, gestorben mit einem Jahr; Georg Moritz, geboren 1755, gestorben als Kind; Julius Georg, geboren 1756, gestorben mit eineinhalb Jahren; Juliana Sophia Maria, geboren 1759, gestorben mit vier Jahren; Johann Christoph, geboren 1760, gestorben als Kind; Sophia Elisabeth Victoria, geboren 1761, gestorben mit drei Jahren.

Nur zwei der fünf Söhne erreichten das Erwachsenenalter, keines aber der Mädchen. Das entsprach in demographischer Hinsicht ziemlich genau der Lebenserfahrung der meisten Familien Mitte des 18. Jahrhunderts, derzufolge in ländlichen Haushalten 33 % der Neugeborenen das erste Lebensjahr nicht überlebten und 52 % der Kinder bis zum sechsten Lebensjahr starben. Der älteste Mayer-Sohn wurde immerhin 78 Jahre alt, was zeigt, dass die Bibel mitunter doch recht haben konnte. Er wurde dem Familienbrauch entsprechend wie der Vater, der Großvater und der Urgroßvater auf den Namen Tobias getauft, glücklicherweise mit dem Zusatz Johann, was, da auch er angesehener Professor in Göttingen wurde, die Unterscheidung von seinem Vater erleichterte, spätere Verwechslungen aber keineswegs ausschloss. Die Namenswahl signalisierte familiäre Tradition, hatte zugleich auch biblischen Bezug und dokumentierte so die fromme, keineswegs nur äußerliche Grundhaltung der Familie. Noch im Alter erinnert sich Mayer, wie er von den Eltern anhand der biblischen Geschichten, darunter die Josephs, Daniels und ausdrücklich auch des Tobias in die Grundlagen des Christentums eingeführt wurde.

Die drei weiteren Söhne bekamen hingegen als Referenz an den Landesherrn und englischen König Georg II., der formal zugleich das Amt des Rektors der Universität Göttingen bekleidete, den Ruf- oder Beinamen Georg zugewiesen – Georg Moritz, Julius Georg, Johann Georg Friedrich. Aus der Ehe des ältesten Sohnes Johann Tobias gingen wiederum fünf Kinder und fünf Enkelkinder hervor. Die Enkelkinder trugen den Familiennamen ihres berühmten Urgroßvaters bereits nicht mehr, setzten die Göttinger Linie mit permanenten Namenswechseln jedoch bis in die Gegenwart fort. Der Familienname und daran gekoppelt auch die Vorstellung vom tradierten Genius des Tobias Mayer musste sich daher über die Nachkommen seines Stiefbruders Georg Wilhelm fortpflanzen. Und tatsächlich findet sich in dessen Enkel Johann Samson Wilhelm Mayer, 1787 in Esslingen geboren und 1852 dort auch gestorben, eine ingeniöse Figur wie sein Großonkel mit zündenden Ideen und brennender Leidenschaft. Samson Mayer, dessen Haarpracht man sich von biblischem Ausmaß vorstellen mag, musste sich drei Mal verheiraten und zeugte 22 Kinder, von denen immerhin zwölf das Erwachsenenalter erreichten, drei von ihnen allerdings aus politischen und wirtschaftlichen Gründen nach Amerika auswanderten. Bekannt wurde Samson indes nicht aufgrund seiner großen Kinderschar, sondern durch seine rege Unternehmerlust und als einer der Erfinder des mit Phosphor versehenen Zündholzkopfes, was ihm den Beinamen *Streichholz-Mayer* bescherte.

Austeilung des Brotalmosens im Esslinger Spital aus der Stiftung des Konrad Hegbach
Zeichnung von Tobias Mayer mit seiner Erläuterung: »A Eines Edlen Rahts Deputierte Herrn Almosenpfleger, B Collegiat, so bittet, C Arme, so auf Knieen bitten, D Spitalbeckh, so brod ausgibt, E Almosen-Register, F Brod, so ausgetheilt, G Spital-Küchenladen«

Tobias Mayers Leben währte nicht nur kurz, es wurde auch überschattet vom frühen Tod der Eltern. Der Junge war gerade acht Jahre alt, als der Vater starb. Die Mutter bleibt mit ihren Kindern fast mittelos zurück und muss den Rat der Stadt Esslingen um Unterstützung bitten. Der erklärt sich bereit, einen Sohn ins Findel- und Waisenhaus aufzunehmen und so dessen Auskommen zu sichern. Die Mädchen müssen schauen, wo sie bleiben. Die Wahl fällt auf Tobias. Der ältere Halbbruder Georg Wilhelm ist fast schon 17 Jahre alt und kann in die Lehre als Kupferstecher geschickt werden. Tobias ist der nächste, vor allem aber hat er in der Schule bereits ein gewisses Talent gezeigt. Das Waisenhaus sichert Mayer die elementaren Le-

Ausgabe von Kalbfleischsuppe, Brot und Wein aus der Stiftung des Peter Dannhäuser und seiner Frau
Zeichnung von Tobias Mayer mit seiner Erläuterung: »A Fundehauß, B Dannhäuser Stifftung, C Hospital-Vorsteher, D Hospital-Prediger, E Arme Bueben, F Waiber und Mädchen, G Funden-Vatter, H Funden-Mutter, J Hospital-Metzger, K Hospital-Küfer, L Hospital-Beckh, M Gestifft Brod, N Gestifft Wein, O Fleisch in der Bruehen, P Knieend Beetende«

bensbedürfnisse – Wohnung, Ernährung, Kleidung. Für die geistige Nahrung, die Bildung, sollte die Schule sorgen.

Die Aufgaben eines Findel- und Waisenhauses wurden in Esslingen ursprünglich vom Katharinenhospital wahrgenommen, das kurz nach der Erhebung zur Stadt im Jahr 1228 gegründet wurde. Etwa Mitte des 14. Jahrhunderts wurde die Betreuung der Waisenkinder ausgegliedert und in einem eigenen Gebäude, das mehrfach wechselte, untergebracht. Seinen endgültigen Ort fand es um 1590, als das ehemalige Predigerkloster im Zentrum der Stadt dafür herangezogen wurde. Dort verbrachte Tobias Mayer seine weitere Kindheit und Jugend bis zum Alter von 19 Jahren. Obwohl als Findelhaus bezeichnet, fanden sich darin nur wenige Findelkinder. Aufgenommen wurden neben ihnen auch nicht nur Waisenkinder, sondern auch Kinder von Armen oder verlassenen Frauen, deren Versorgung gefährdet war, und solche, die von ihren Eltern übel behandelt und in städtische Fürsorge genommen wurden, um ihre Verwahrlosung zu verhindern. Insgesamt wurden regelmäßig um die 40 Kinder im Waisenhaus versorgt. Teilweise fanden sich auch kranke und hilfsbedürftige Erwachsene unter den Bewohnern, die in der Armenstube des Spitals keinen Platz mehr gefunden hatten.

Der Tageslauf war streng geregelt. Die Kinder mussten im Sommer um halb sechs und im Winter um sechs Uhr aufstehen und nach dem Ankleiden zuerst die Morgenandacht besuchen. Dann gab es Frühstück. Der Unterricht fand getrennt nach Geschlechtern in der Deutschen Schule statt. Das Mittagessen wurde aus der eigenen Küche des Findelhauses geliefert und um 12 Uhr eingenommen. Basis der Ernährung waren Brot und Brei, der aus Getreide gekocht wurde. Gemüse und Salat stammten aus dem Klostergarten. Für die Versorgung mit Fleisch und Schmalz wurden ein paar Kühe und Mastschweine gehalten. Der Fleischgenuss war jedoch auf wenige Festtage im Jahr beschränkt – an Dreikönig, Palmsonntag, Ostern, Pfingsten, am Schwörtag und am ersten Advent. Aufgebessert wurde der Speiseplan durch einzelne bürgerliche Stiftungen. So wurde einmal im Jahr Milchreis gekocht. Der kulinarische Höhepunkt im Jahreslauf war schließlich die Dannhäuser-Stiftung. Sie bescherte den Waisenkindern in der Fastenzeit eine gelbe Suppe mit Kalbfleischeinlage. Tobias Mayer hat das Festmahl wie auch die Ausgabe des Brotalmosens im Spital in ihrer zeremoniellen Aufmachung, die den zu speisenden Kindern zuvor ein Gebet auf den Knien abverlangte, in detaillierten Zeichnungen festgehalten (Abb. Seiten 40 und 41) Neben dem regelmäßigen Schulbesuch, der auch nachmittags stattfand, mussten die Kinder in der Haushaltsführung und in den Weingärten mitarbeiten. Das Ziel der ganzen Unternehmung bestand ja darin, die Kinder zu frommen und arbeitsamen Menschen zu erziehen, die vor allem in der Lage sein sollten, künftig selbst für ihren Unterhalt zu sorgen und dem Gemeinwesen nicht weiter auf der Tasche zu liegen. Soweit möglich sollten sie damit bereits im Waisenhaus beginnen. Deshalb wurden immer wieder Versuche gestartet, Arbeiten für externe Auftraggeber anzunehmen und durch die Waisenkinder ausführen zu lassen. So sollten Mädchen Wolle und Flachs spinnen und Bändel wirken, was aber keine großen Einnahmen bescherte. Von 1739 an, gegen Ende von Mayers Aufenthalt, wurde diese Tendenz noch verstärkt, indem das Waisenhaus um ein Zucht- und Arbeitshaus erweitert wurde, wodurch zunehmend auch Erwachsene eingewiesen wurden. Die Räume waren zwar getrennt, doch wurde die Trennung nicht strikt gehandhabt, was zu allerlei Spannungen kam. Auch Mayer musste seinen Dienst leisten. Weil mittlerweile aber beschlossen worden war, den Unterricht der Waisenkinder im Findelhaus selbst zu erteilen, da der neue Findelvater, also der Hausleiter, zuvor als Lehrer tätig gewesen war, wurde Mayer ihm als Provisor zur Seite gestellt und konnte so erste Unterrichtserfahrungen sammeln.

Den eigenen Schulunterricht empfindet Mayer als öde und langweilig. Jahrzehnte später erinnert er sich noch an das stundenlange Abschreiben sinnloser Texte und das stupide Auswendiglernen unverstandener religiöser Lehrsätze: »Ich glaube, es hat nicht leicht jemand so viel mit so wenigem Lust und Geschmack gelernt, als ich […] vielleicht, weil ich wenig von allem dem, was ich auswendig gelernt hatte, verstund. Die Geheimnisse der Religion sind nicht für das zarte Alter; zum wenigsten gehört mehr dazu, sie demselben beizubringen, als das bloße Auswendiglernen.« Dabei macht ihm das Memorieren offenbar keinerlei Probleme. Ohne Mühe und ohne Stocken gelingt es ihm, den ganzen Katechismus mit seinen 103 Fragen und Antworten herunterzubeten. Befriedigen kann ihn das aber nicht. Anregung und intellektuelle Herausforderung bietet ihm, der in der regelmäßig erstellten schulischen Rangliste ganz vorne steht, hingegen der Austausch mit den Erwachsenen in seiner Umgebung – mit dem Bürgermeister Georg Andreas Schloßberg, der ihn tagsüber in seinem Haus beschäftigt und von seinen Zeichenkünsten, die er bald in einer Reihe von Ansichten des Hospitals (Abb. Seite 37) unter Beweis stellt, so beeindruckt ist, dass er ihn zum Maler ausbilden lassen will. Dazu kommt es nicht. Stattdessen vertieft sich Mayer, nachdem er mit 14 Jahren auch noch die Mutter verloren hat und nun gänzlich auf sich selbst gestellt ist, mehr und mehr in die Mathematik. Die nötigen Bücher und Studienmaterialien verschaffen ihm der Rektor und der Konrektor der Lateinschule und insbesondere der Schuhmacher Gottlieb David Kandler, mit dem er sich anfreundet. Kandler ist gut zehn Jahre älter, teilt mit Mayer aber die Leidenschaft für Mathematik und Geometrie und verfügt über die notwendigen Mittel zum Kauf der gewünschten Literatur. Mayer beschreibt das Verhältnis der beiden im Rückblick als liebevolle Zweckgemeinschaft: »Mein Schuster und ich paßten gut zusammen, denn er war ein Liebhaber der mathematischen Wissenschaften und hatte Geld, um Bücher zu kaufen, aber keine Zeit sie zu lesen; er mußte Schuhe machen. Ich hatte dagegen Zeit zum Lesen, aber kein Geld Bücher zu kaufen. Er kaufte also die Bücher, welche wir zu lesen wünschten, und ich machte ihn des Abends, wenn er sein Tagewerk vollendet hatte, auf das aufmerksam, was ich merkwürdiges in den Büchern gefunden hatte.«

Mayers Eifer im Selbststudium ist immens. Er vertieft sich in die mathematischen Lehrbücher beim Licht einer Kerze bis tief in die Nacht. Damit nicht durch Ungeschick ein Feuer ausbricht, konstruiert er eine Vorrichtung, die, sollte er ungewollt einnicken, die Kerze automatisch löscht. In dieser außergewöhnlichen Verbindung des Interesses am und des Talents zu abstraktem Denken mit einem ausgeprägten Sinn für das Praktische zeigt sich ein charakteristischer Zug Mayers. Er wird ihn später bei seinen astronomischen

Messungen zur Entwicklung und Verbesserung der erforderlichen Instrumente verhelfen.

Talent und Geschick sind hilfreiche Ausstattungen, um sich in widrigen Umständen das Überleben zu sichern. Letztlich braucht es aber, wenn man über kein Erbe verfügt und sich nicht ins gemachte Bett legen kann, einen auskömmlichen Beruf. Im benachbarten Württemberg verlief die Karriere tauglicher Landeskinder über das Landexamen, die landesweite Prüfung der Schüler, und führte bei Bestehen der Seminare in Bebenhausen, Blaubeuren, Denkendorf oder Maulbronn ins Tübinger Stift. Wer auch dieses durchstand, konnte auf eine der vielen Pfarrstellen oder gar auf eine Professur an der Landesuniversität hoffen. Die Astronomen Michael Mästlin, Johannes Kepler und Wilhelm Schickhardt waren diesen Weg gegangen, später sollten ihnen die Philosophen und Dichter Hegel, Schelling, Hölderlin, Vischer und Mörike folgen. Als Alternative bot sich das Erlernen eines Handwerks oder der Gang zum Militär an. Der militärische Dienst versprach ein sicheres Auskommen, seitdem sich größere Landesherrschaften etabliert und stehende Heere geschaffen hatten. Als Reichsstadt gehörte Esslingen dem Schwäbischen Kreis, der Militärorganisation des Reiches im deutschen Südwesten, an und hatte ihm regelmäßig Soldaten und Kontributionen zu liefern. Zweimal versucht Mayer dort als angehender Offizier der Artillerie unterzukommen. Dazu verleitet wurde er durch die Bekanntschaft mit einem Unteroffizier vor Ort, der ihm Privatunterricht im Artilleriewesen und Fortifikationsbau erteilte und damit seinen Nerv traf. Zweimal aber scheitert Mayer am Widerstand der Obrigkeit, das erste Mal mit 15 Jahren, als sich der Esslinger Rat nicht dazu durchringen konnte, den hoffnungsvollen Jungen wegzugeben und ihn erst einmal auf die Lateinschule schickte, das zweite Mal mit 18 Jahren, als Mayer das Lyzeum erfolgreich absolviert hatte, aber wieder nicht einrücken durfte, weil das Geld für einen

»sauberen Rock« fehlte. Den hätte er aber bei der Vorstellung in Ulm, wo der Schwäbische Kreis sein Hauptquartier hatte, zwingend gebraucht. Der Grund war grotesk, zeigt jedoch die schmale ökonomische Basis und mentale Enge, die Bürger wie Obrigkeit bei ihren Entscheidungen leiteten.

Beide Fehlversuche hatten auf längere Sicht ihr Gutes. So konnte Mayer seine Talente in anderer Richtung entfalten. Hätte ihn das Militär angenommen, wäre er für die Wissenschaft, für die Kartographie, die Geodäsie und die Astronomie verloren gegangen. Vor allem aber hätte er womöglich nie Latein gelernt. Auch hier scheint seine Lernbereitschaft grenzenlos, obwohl er keinen unmittelbaren Nutzen daraus ziehen konnte. Für angehende Theologen waren Lateinkenntnisse unabdingbar, nur so konnten sie die theologischen Texte in den Originalfassungen studieren, für den Normalbürger hingegen waren sie entbehrlich, zumal bis zum Ende des 18. Jahrhunderts die Zahl der Analphabeten in der Bevölkerung, wenn auch sehr verschieden im protestantischen und im katholischen Raum, zwischen höheren und niedereren Ständen sowie in Stadt und Land, noch sehr groß war und teilweise bis zu 90 Prozent der Bevölkerung in Deutschland strukturelle Analphabeten waren. Für Tobias Mayer, der den Dingen in allem, was er anpackte, auf den Grund ging, wurde das Beherrschen des Lateinischen und weiterer Sprachen, die er offensichtlich während seines Aufenthalts in Augsburg erlernte, jedoch zu einer Grundkompetenz, deren Nutzen sich insbesondere in seiner späteren wissenschaftlichen Arbeit erwies. Noch kommunizierte und publizierte die akademische Welt in lateinischer Sprache. Das galt auch für die Naturwissenschaften und selbst für den englischen Sprachraum, wo das Hauptwerk Isaac Newtons, in dem er seine bahnbrechende Gravitationstheorie darlegte, 1687 unter dem Titel *Philosophiae Naturalis Principia Mathematica* erschien und erst 1729 ins Englische und 1872 ins Deutsche übersetzt wurde. Wer sich folglich in der Gelehrtenwelt umtun, gar aktiv beteiligen wollte, musste über hinreichende lateinische Sprachkenntnisse verfügen. Mayer eignete sie sich im Esslinger Gymnasium an und bewahrte zeitlebens ein Interesse an der klassischen Literatur. Seine besondere Hingabe galt Ovids *Metamorphosen*, von denen er Teile, wie es im Nachruf der Universität hieß, unter Beachtung des rechten Versmaßes ins Deutsche übertrug. Die regelmäßige Lektüre half ihm auch dabei, »den Sprachfluss in seinen lateinischen Vorlesungen und wissenschaftlichen Arbeiten zu verfeinern.«

Als er mit 18 Jahren in der Esslinger Buchhandlung von Gottlieb Mäntler sein erstes Büchlein mit dem stolzen Titel *Neue und Allgemeine Art alle Aufgaben Aus der Geometrie vermittelst der geometrischen Linieen leichte aufzulösen* veröffentlichte und damit demonstrierte, was er sich in der Mathematik bereits angeeignet hatte, widmete er es mit einer vierseitigen Eloge einem der größten Gelehrten seiner Zeit, dem Mathematiker und Philosophen Christian Wolff, und signierte ebenso selbstverständlich wie selbstbewusst mit *Tobias Mejer, Lycei Essling. primanus*. Tobias Mayer hatte eine prekäre Kindheit und Jugend nicht nur glücklich durchgestanden, er hatte auch alles erlangt und sich zu eigen gemacht, was ihm erreichbar war. Er war nun hinreichend präpariert für das weitere Leben, wenngleich noch keineswegs absehbar war, wohin es ihn führen könnte.

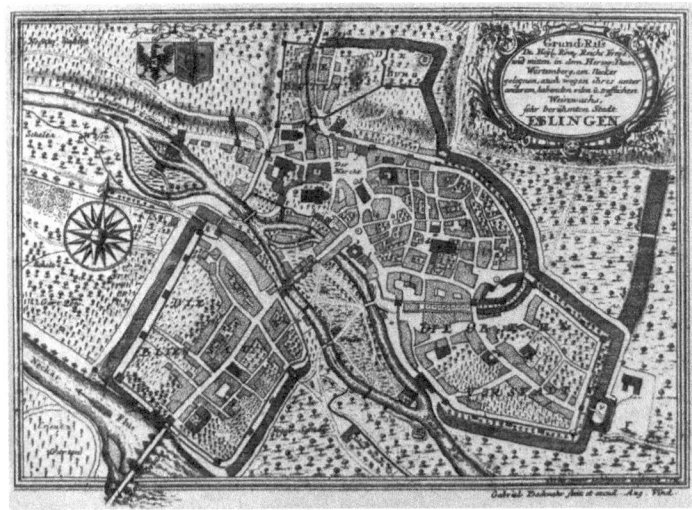

Grundriss der Stadt Esslingen von Tobias Mayer, 1739
Mit 16 Jahren zeichnet Mayer aus eigenem Antrieb den ersten Stadtplan der Reichsstadt

4
DIE INITIATION

Gerade mal 16 Jahre alt ist Tobias Mayer, als er 1739 erstmals die öffentliche Bühne betritt. Der Auftritt ist einigermaßen spektakulär. Gleichsam als Lehrstück, als Beleg dafür, was er bereits alles gelernt hatte und was in Zukunft von ihm noch zu erwarten ist, verfertigt er einen Grundriss seiner Heimatstadt Esslingen. Es handelt sich nachweislich um den ersten Stadtplan überhaupt, der von der alten Reichsstadt gezeichnet wurde. Der Magistrat ist ob des Ergebnisses so angetan, dass er einen Kupferstecher in Augsburg beauftragt, ihn zu vervielfältigen. Er nimmt für seine eigenen Zwecke gleich einmal 50 Exemplare ab und entlohnt den Urheber zusätzlich mit einem Paar Jubiläumsgulden, die 1717 zum 200. Jahrestag der Reformation geprägt worden waren, entlohnt. Die Nachfrage nach dem Plan ist offensichtlich so stark, dass bald eine weitere Auflage davon gedruckt wird.

Zwei Jahre später, er besucht mittlerweile die oberste Klasse des Esslinger Lyzeums, veröffentlicht Mayer sein erstes Buch. Die Schrift ist im Umfang mit ihren 60 Seiten noch überschaubar, sie unterstreicht aber sein Interesse an Mathematik, die ihn »wegen ihrer Annehmlichkeit und ergötzlichen Abwechslung« gefangen hält, und belegt seinen Drang, forschend in den Austausch mit seiner Umgebung zu treten. Dazu und zur eigenen Vervollkommnung dient auch eine Karte, die er 1743 über die *Gegend um Esslingen …* vorlegt. Sie ist in Ansatz und Ausführung weitaus kompetenter als sein Erstlingswerk und wird von ihm als ausreichend qualitätsvoll erachtet, um kurz darauf in sein erstes größeres Werk, den *Mathematischen Atlas, in welchem auf 60 Tabellen alle Theile der Mathematik vorgestellet* werden, aufgenommen zu werden. Der Band erscheint 1745 in der Pfeffelschen Verlagsanstalt in Augsburg, wohin er im Jahr zuvor

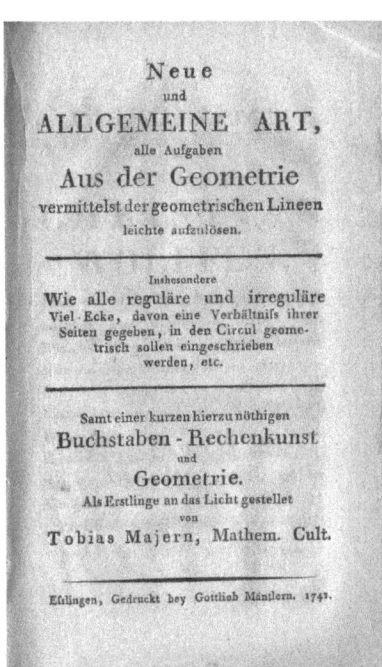

Mayers erste Buchveröffentlichung über geometrische Fragen von 1741, erschienen in der Esslinger Buchhandlung von Gottlieb Mäntler

gezogen ist. Dort ist bereits sein älterer Halbbruder Georg Wilhelm als Kupferstecher tätig, dort hofft Mayer nun, eine seinen Talenten und Interessen entsprechende Arbeit zu finden. Der *Mathematische Atlas* dürfte ihm als Eintrittskarte in die Welt der Gelehrten und Künstler einen guten Dienst erwiesen haben. Das Werk ist mit 42 handkolorierten und 26 nicht illuminierten Kupferstichen aufwendig ausgestattet und besticht auch heute noch durch seine Opulenz und Wissensfülle. Noch im gleichen Jahr veröffentlicht Mayer ein weiteres umfangreiches Buch. Darin geht es um das *Fortifikationswesen*, mit dem er sich im früheren Bestreben, ein Unterkommen beim Militär zu finden, ausgiebig beschäftigt hat. Mit diesem Werk, das lange verschollen war und erst jüngst in der Zentralbibliothek Zürich wieder aufgetaucht ist, endet die erste Serie von Mayers Publikationen. Innerhalb von sechs Jahren, im Alter von 16 bis 22, zunächst noch als Schüler, später als ungelernter Berufsanfänger, der sich bei einem Augsburger Schriftenstecher seinen Lebensunterhalt verdienen muss, verfertigt er aus eigenem Antrieb und in äußerst aufwendigen Verfahren seine ersten Karten und verfasst gleichsam nebenbei drei recht anspruchsvolle Lehrbücher. Ein großes Talent? Gewiss. Ein Wunderkind? Wahrscheinlich. Vor allem aber ein neugieriger, strebsamer, selbstbewusster junger Mensch, der die einzige Chance nutzt, die sich ihm, dem mittellosen, vom Schicksal auf sich selbst zurückgeworfenen Waisenkind bietet – schlichtweg das Beste aus sich zu machen.

So verblüffend und staunenswert sein Erstlingswerk, der Stadtplan von Esslingen ist, so klar zeigt er doch auch, dass es ein weiter Weg vom talentierten Dilettanten zum professionellen Kartographen ist. Dass er sich überhaupt an die Aufgabe macht, offenbart sein Problembewusstsein, seine Imaginationskraft und sein bemerkenswertes Abstraktionsvermögen. Eine solch aufwendige Aufgabe konnte nur angegangen werden, wenn darin auch ein hinreichender Sinn gesehen wurde. Der konnte bei einem Stadtplan darin bestehen, einen Überblick zu gewinnen für städtische Raumplanungen oder eine Grundlage zu schaffen für Steuerveranlagungen oder die Gebäudebrandversicherung, wie es Ende des Jahrhunderts die späteren Katasterpläne bezweckten. Der Esslinger Magistrat erkannte den Nutzen, der in dem Stadtplan steckte, durchaus, freilich erst, als er schon vorlag. Auf die Idee, selbst einen Stadtplan in Auftrag zu geben, war er nicht gekommen. Es sollte noch ein paar Jahrzehnte dauern, bis er einen eigenen städtischen Feldmesser anstellte und genau ein dreiviertel Jahrhundert, bis im Rahmen der württembergischen Landesvermessung 1824 eine präzise Urkarte im Maßstab von 1: 2500 auch für Esslingen vorlag.

Mayers Antrieb waren freilich keine stadtplanerischen oder fiskalischen Anliegen. Ihm dürfte es darum gegangen sein, seine mathematischen, insbesondere geometrischen Interessen praktisch anzuwenden. Lange Zeit hatte der erste Grundriss Esslingens als »kartographisch sauber und einwandfrei aufgenommen« gegolten. Der detaillierte Vergleich mit der präzise vermessenen Urkarte von 1824 zeigte jedoch, dass Mayers immer wieder reproduzierter Stadtplan keineswegs so genau war, wie immer angenommen wurde. Zwar konnte ihm weiterhin zugebilligt werden, die Gegebenheiten inhaltlich »vollständig und graphisch professionell dargestellt« zu haben, doch sind dabei auch einige Mängel erkennbar geworden. Der größte Lapsus bestand darin, keinen festen Maßstab angelegt und angegeben zu haben. Hinzu kam, dass Mayer für das erschlossene Gebiet von rund 1,2 km in Westost-Richtung und etwas mehr als 1 km in Südnord-Richtung keinen geodätischen Rahmen festlegte. Das hätte Verzerrungen, die sich in äußeren Bereichen der Stadt zu Abweichungen von bis zu 100 m von der tatsächlichen Lage bzw. bei einem angenommenen Maßstab von 1: 6.000 von rund 1,7 cm in der Wiedergabe summierten, vermieden. Die Ursache lag darin, dass Mayer seine Vermessungen wohl dadurch bewerkstelligte, dass er die Strecken zwischen den Straßenkreuzungen abschritt, Richtungsänderungen nicht durch Winkelmessungen von den Türmen herab überprüfte und die gewonnenen Polygone schlicht aneinanderreihte, so dass sich leichte Messfehler zu erheblichen Abweichungen addierten.

So beeindruckend der Stadtplan mit seinen Angaben zu den wichtigsten Bauten der Reichsstadt, zu den Hauptverkehrswegen und dem Verlauf des Neckars mit seinen verschiedenen Armen und Kanälen auch war und so detailreich die Informationen über die landwirtschaftliche Nutzung der vielen kleinen Flächen als Weinberge, Obstwiesen, Gemüsegärten unter Berücksichtigung selbst eines Vogelschutzgebietes gelten können, den strengen Maßstäben der Kartographie wurde er nicht ganz gerecht. Mayer erkannte dies selbst und machte es zwei Jahre später bei seiner nächsten Karte über *Die Gegend um Esslingen* deutlich besser. Diesmal ist der Karte nicht nur ein Maßstab beigegeben, es sind gleich drei – die deutsche Meile, die französische Meile und als örtliches Längenmaß, der Esslinger Feldschuh. Noch gibt es keine einheitliche Norm, so dass oftmals verschiedene Bezugsgrößen herangezogen werden. Mayer verbindet die Darstellung im *Mathematischen Atlas* zudem mit einem theoretischen Unterricht darüber, was bei der »Mappirung der Land-Charten« alles zu beachten sei. Leute, die sich nicht an diese Anforderungen hielten, bezeichnet er frech als »Land-Charten Stümpler«. Er wusste wohl, wovon er sprach.

Durch seine eigenen ersten Versuche hatte er hinreichend erfahren, welcher Aufwand einer soliden Karte zugrunde lag. Dabei waren die Räume, die er vermaß, recht überschaubar gewesen, dafür konnte er auf keine Vorlagen zurückgreifen, die er kopieren und in sein eigenes Werk hätte einarbeiten können. Bei größeren Gebieten, ganzen Ländern oder gar Erdteilen kam man gar nicht umhin, sich auf bereits vorhandene Karten zu stützen, große Teile davon zu übernehmen und sein Möglichstes dafür zu tun, sie durch weitere eigene Untersuchungen zu verbessern. Die erste Aufgabe bei der Anfertigung neuer Karten bestand also darin, eine gute Vorlage auszuwählen, die eine »gehörige Accuratesse schon erlangt hat«, wobei für eine solche Wahl »fast eben diejenige Wissenschaft« wie bei der Anfertigung gänzlich neuer Karten nötig sei.

Nachdem Mayer so klargestellt hat, was für eine »schwere Sache« das »Mappieren« sei und dass unterschiedliche »Gattungen von Subsidien«, also jede Art von Hilfsmitteln, dafür erforderlich seien, liefert er eine Handlungsanleitung, wie eine solide Landkarte Schritt für Schritt zu erstellen ist. Den Anfang macht dabei die genaue Erkundung der geographischen Lage des Landes, also die Bestimmung der gültigen geographischen Breiten- und Längengrade. Deren Gitternetz wird gleichsam über das Land gelegt und bildet so einen festen Rahmen für die weitere Ausarbeitung. Das Teuflische an dieser Struktur besteht allerdings darin, dass sie die Krümmung der Erdkugel berücksichtigen muss, das Gitternetz daher keineswegs gleichförmig quadratisch angelegt werden darf, sondern sich zu den beiden Polen hin in Breite und Länge verkürzt. Wie dies mittels der *stereografischen Projektion* zu bewerkstelligen ist, führt Mayer auf einer gesonderten Tafel seines *Mathematischen Atlasses* aus. In das fertige Gitter werden zuerst die Städte eingetragen, von denen die genauen geographischen Koordinaten bekannt sind. Von den Orten, bei denen dies nicht der Fall ist, müssen aus eigener Abmessung, Reisebeschreibungen oder auch aus mündlichen Nachrichten die Entfernungen zu zwei bereits sicher bestimmten Punkten in Meilen, Schritten oder Stunden erfasst und die genaue Verortung interpoliert werden. Das Problem dabei ist erneut die große Variation der Maßeinheiten, weshalb immer wieder sorgfältig zu klären ist, »wie viel dergleichen Meilen, Stunden etc. auf einen Grad der Erd-Kugel gehen.« Sind alle Städte und Dörfer ordentlich platziert, so seien alsdann die Flüsse, Seen und Moore und je nach Zwecksetzung der Karten auch die Straßen, Berge, Wälder, die Bergwerke, Sauerbrunnen oder Poststationen einzutragen. Schließlich gelte es noch die »Politica« zu berücksichtigen, also die jeweiligen Landesgrenzen mit den Namen der Herrschaften einzuschreiben, wobei man leider bekennen müsse, »dass wir hiervon bey gar vielen Ländern, auch selbst bey unserem Deutschland, gar schlechte [d.h. ungenügende] Nachrichten haben.«

Mayers Anleitung zur Kartenerstellung schwankt zwischen notwendigem Pragmatismus und grundsätzlicher Reflexion. Praktischer Sinn ist gefragt, wo die erforderlichen Datengrundlagen nicht gegeben sind, es aber auch nicht angehen kann, Lücken zu lassen, Orte einfach wegzulassen oder Flussläufe zu ignorieren, weil die exakten Koordinaten fehlen. Mayer plädiert in diesen Fällen für Einträge nach den »Regeln der Wahrscheinlichkeit.« Diese dürfen indes nicht nach reinem Gutdünken geschehen, vielmehr müsse angezeigt werden, worauf sich die Mutmaßungen gründeten. Hier wird schon sehr früh ein Grund- und Charakterzug Mayerschen Denkens und Arbeitens erkennbar – sein wissenschaftlich-kritischer Ansatz. Man müsse zusehen, »dass man nicht ungewisse Dinge für gewisse, und falsche für wahre ausgebe.« Deshalb verlangt er nicht nur, möglichst viele Angaben aus Reisebeschreibungen, Journalen von Seefahrern, historischen Darstellungen und nötigenfalls durch »Correspondenz« mit Leuten, »die in solchen Orten gewesen«, einzuholen, sondern besteht auch darauf, dass in oder am Rande der Karte vermerkt werde, woher all diese Informationen genommen sind. Mayer formuliert hier gleichsam nebenbei die Prinzipien guten wissenschaftlichen Arbeitens. Seine eigenen durchaus noch entwicklungsfähigen Erfahrungen aus der Praxis, welche »die beste Lehrmeisterin seyn kann«, und seine grundsätzliche wissenschaftliche Haltung, beide zusammen, zusätzlich noch gepaart mit einem ungeheuren Fleiß, zeichnen ihn von Anfang an aus und empfehlen ihn für höhere Aufgaben – zunächst im kartographischen Verlagswesen und später in der universitären Forschung und Lehre.

5
SCHEIBE ODER KUGEL

Wissenschaft geschieht nicht im luftleeren Raum. Sie ist eingebettet in den Horizont ihrer Epoche und vollzieht sich im Widerstreit übergeordneter Systeme und Interessen. Da es niemals möglich ist, die Gesamtheit aller Erscheinungen der Welt zu erfassen, ihnen gar selbst bis ins Einzelne nachzugehen und sie kritisch zu hinterfragen, ergeben sich immer Lücken zwischen scheinbar gesicherten Erkenntnissen und notwendigen Annahmen, die wiederum von Voreinstellungen, Glaubenssätzen, Parteinahmen und aktuellen politischen, ökonomischen und sozialen Problemstellungen beeinflusst sind. Das Paradox besteht darin, dass das Ganze umso mehr verschwimmt, je mehr sich die Wissenschaften differenzieren und die Erkenntnisse zunehmen. Vor lauter Bäumen droht der Wald zu verschwinden. Ein Ausweg aus diesem Dilemma bietet die Bildung von Theorien, deren Gültigkeit durch die empirische Überprüfung in der Praxis erhärtet oder verworfen wird. Ein halbes Jahrhundert vor Mayers Geburt formuliert der Universalgelehrte Gottfried Wilhelm Leibniz daher als erkenntnistheoretischen Leitsatz: »Haben wir aber Muße nachzudenken, so finde ich, dass in allen Dingen, die Regeln und der Vernunft zugänglich sind, die Theorie der Praxis zuvorkommen kann. Und selbst die Theorie ohne Praxis wird einer blinden Praxis ohne Theorie ungleich überlegen sein, wenn der Praktiker gezwungen ist, einer Situation zu begegnen, sehr verschieden von solchen, die er bislang erlebt hat.« Ein solches *Ding* war lange Zeit die Frage, ob die Erde eine Scheibe oder doch eher eine Kugel sei.

Für den Alltagsbeobachter musste schon die angebotene Alternative abenteuerlich wirken. Gesetzt den Fall, die Erde wäre eine Kugel, wie sollte man sich dann die Situation der Menschen an der Unter-

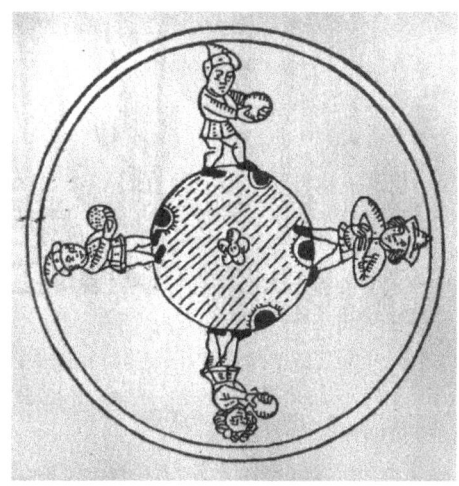

Die Antipoden oder wie man sich Menschen auf allen Seiten der Erde vorzustellen hat.
Darstellung aus Alfraganus: Rudimenta astronomica, Nürnberg 1537

seite der Kugel, der sogenannten Antipoden, vorstellen? Standen sie gleichsam auf dem Kopf? Musste ihnen dann nicht das Blut ins Hirn schießen? Oder liefen sie gar Gefahr, wenn sie in die Luft sprangen, ins Unendliche zu fallen, weil der Boden ja nicht mehr unter, sondern über ihnen war? Ähnliche Probleme hatten allerdings auch die Anhänger der Gegenthese, wenn sie an das bekannte Ende der Welt, nach Land's End in Cornwall, nach Finistère in der Bretagne oder ans Kap Finisterre bei Santiago de Compostella kamen und nur noch Wasser zu sehen war. Da wo sie standen, schwappte das Meer regelmäßig an das Ufer, was aber geschah auf der anderen Seite? Wenn die Erde eine Scheibe war und es kein Halten durch eine Küste gab, von der weit und breit ja nichts zu sehen war, musste das Meer dann nicht über den Rand fließen und über kurz oder lang leerlaufen? Mit der Alltagswahrnehmung und dem Alltagsverstand war das Problem offensichtlich nicht zu lösen. Hier brauchte es einen theoretischen Entwurf, der mittels empirischer Beobachtung überprüft, korrigiert und allmählich unwiderlegbar gemacht werden musste.

Erst dann, wenn es keine schlagenden Argumente dagegen mehr gab, wenn er nicht mehr falsifizierbar war, erst dann war der Beweis für die eine oder andere These, für Scheibe oder Kugel, tatsächlich erbracht. Dieser Prozess zog sich hin und er ist für manche bis heute nicht zum Abschluss gekommen. Daran konnten auch die ersten Fotos aus dem All, die 1968 in der Apollo 8-Mission von der Erde als Ganzer und in Farbe gemacht wurden, nichts ändern.

Die Frage nach Scheibe oder Kugel war eine philosophisch-theologische, solange man sich kein konkretes Bild von der Welt machen musste. Sobald man aber daran ging, sie in ihrer Gänze zu zeichnen, tauchte sie wieder auf und wurde unausweichlich. Die Kartographie wurde so zum Treiber elementarer Welterkenntnis.

Das gängige Narrativ zu diesem Prozess besagt, dass es einen fundamentalen Gegensatz zwischen der mittelalterlichen Betrachtung der Erde als einer Scheibe und ihrer revolutionären Neujustierung als Kugel um die Wende zur Neuzeit gegeben habe. Während so das Mittelalter als dogmatisch, finster, naiv und rückständig charakterisiert wurde, erschien die Neuzeit rational, strahlend, raffiniert, fortschrittlich und grundsätzlich überlegen. Manifest wurde dieser Konflikt von 1687 an, also wenige Jahrzehnte vor der Geburt Mayers, in der *Querelle des Anciens et des Modernes* der Académie Francaise. In dieser geistesgeschichtlichen Kontroverse vertraten die Anhänger des als Moderne gekennzeichneten neuen, sich vom Herkömmlichen abgrenzenden Zeitalters die Auffassung, dass die Wissenschaft ein einziger Fortschrittsmotor sei, in dem analog zu den Lebensaltern des Menschen die Antike die Jugend, die Renaissance die Lebensmitte und die Gegenwart das Alter, verstanden als Weisheit und Reife, darstelle. Das Mittelalter war in diesem Geschichtsmodell weitgehend vernachlässigbar. Die *Anciens,* die Vertreter des Alten, verteidigten hingegen die Antike – und jede andere Epoche – als ein Zeitalter, das für sich selbst stehe und aus sich heraus bewertet werden müsse. Auf die Literatur und die Künste bezogen, an deren Bewertung sich der Streit entzündet hatte, bedeutete dies, dass es letztlich keinen künstlerischen Fortschritt gebe und jede Kunst nach dem Geschmack ihrer jeweiligen Zeit zu beurteilen sei. Nur schwer auflösbar wurde der Konflikt durch den Umstand, dass sich bis weit ins 18. Jahrhundert hinein die Begriffe *Kunst* und *Wissenschaft* überdeckten. Der Begriff der Kunst, aus der Idee der *artes liberales* hervorgegangen, umfasste verschiedenste Formen des Wissens, und umgekehrt bezeichnete Wissenschaft alle Formen der geistigen Tätigkeit, darunter auch Dichtung und Musik. Erst allmählich, im Zuge der Ausbildung und Differenzierung der verschiedenen wissenschaftlichen Disziplinen spalteten sich Kunst und Wissenschaft als zwei grundsätzlich verschiedene geistige Tätigkeiten auf, wobei die eine auf den ästhetischen, radikal-subjektiven Zugang zur Welt und die andere auf die theoretische, objektivierbare Erkenntnis ihrer Zusammenhänge fokussiert wurden. Manchmal wie bei Mayer in seinen Karten und Mondzeichnungen war es freilich hilfreich und gut, wenn (Zeichen)Kunst und strenges Wissenschaftsverständnis zusammentrafen.

Die Beweggründe für die Querelen in der Académie francaise, die bald auch nach England und Deutschland überschwappten, waren keineswegs nur akademische. Dahinter verbargen sich auch handfeste religiöse und politische Interessen. Mit dem Gedanken der Überlegenheit der Moderne gegenüber der Antike verband sich das Bemühen der Verortung des französischen Königs als allerchristlichste Majestät. Für sie könne die antike Welt mit ihren unzähligen heidnischen Göttern als Bezugspunkt nicht mehr in Betracht kommen. Des Königs Aufgabe sei es vielmehr, sich an die Spitze eines christlichen Heeres zu stellen, so der Hauptagitator Desmarets de Saint-Sorlin in einer als *Avis du Saint Esprit au Roy*, das heißt als *Stellungnahme des Heiligen Geistes gegenüber dem*

König (1662) überschriebenen Schrift. Dann solle er zunächst die häretischen, sprich vom katholischen Glauben abgefallenen Staaten wie Holland und England unterwerfen und anschließend zusammen mit anderen christlichen Herrschern in einem neuen Kreuzzug die ausgreifende Herrschaft der Türken in Osteuropa und auf dem Balkan brechen. Vorbereitet und begleitet werden konnte ein solches Unterfangen nur durch eine Literatur, die von christlichen Quellen, von Heiligenlegenden und dem Kampf zwischen Himmel und Hölle gespeist wurde.

Die Verquickung wissenschaftlicher Erkenntnisse und Positionen mit religiösen Motiven und politischen Interessen war auch Ursache für die schroffe Gegenüberstellung der scheinbar konträren Auffassungen von der Gestalt der Erde in Antike, Mittelalter und Neuzeit. Zwar war die Vorstellung von der Welt als einer Scheibe in einigen Schöpfungsmythen und auch bei frühgriechischen Philosophen nachweisbar, doch setzte sich das Globus-Modell bis zum vierten Jahrhundert v.d.Z. durch. Die Argumente, die für die Kugelgestalt sprachen, fasste Aristoteles bereits in seiner Schrift *Über den Himmel* zusammen. So strebten sämtliche schweren Körper seiner Wahrnehmung zufolge zum Mittelpunkt der Erde und da sie dies von allen Seiten gleichmäßig täten, müsse sich für die Erde letztlich eine kugelrunde Gestalt ergeben. Zudem erscheine in südlichen Ländern südliche Sternbilder höher über dem Horizont, was auch dafürspräche. Und schließlich sei der Erdschatten bei einer Mondfinsternis stets rund. Aristoteles verband bei seinen Überlegungen astronomische Beobachtungen mit dem Phänomen der Gravitation und zog daraus seine Schlussfolgerung. Fast alle Autoren, die sich mit dem Problem beschäftigten, folgten dieser Auffassung und reicherten sie mit weiteren Beobachtungen an. So verwies Plinius der Ältere (23/24–79 n. Chr.) in seiner *Naturalis historia* auf den Umstand, dass bei Schiffen, die sich von der Küste wegbewegten,

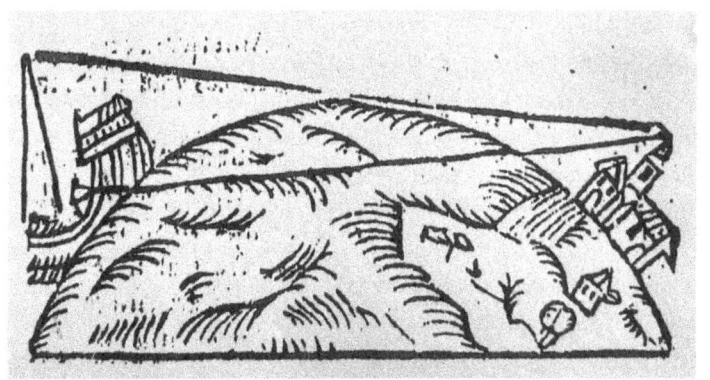

Die Blickwinkel auf Schiffe und Türme als Beweis, dass die Erde eine Kugel ist.
Aus Johannes Kepler: Epitome astronomiae copernicanae, Linz 1618

zuerst der Rumpf und erst danach auch die Segel aus dem Blickfeld verschwanden, was gleichfalls auf eine gebogene Gestalt der Erdoberfläche schließen lasse, worüber man indes ohnehin einerlei Meinung sei. Schon zuvor war es dem griechischen Mathematiker und Universalgelehrten Eratosthenes, der die legendäre Bibliothek von Alexandria leitete, um 225 v.d.Z. gelungen, den Umfang der Erde ziemlich präzise zu bestimmen. Eratosthenes war aufgefallen, dass die Sonne sich in einem tiefen Brunnen im heutigen Assuan spiegelte. Dies war aber nur an einem Tag im Jahr, nämlich am 21. Juni, dem Tag der Sommersonnenwende, der Fall, wenn sie genau senkrecht über dem Brunnen stand. Zum gleichen Zeitpunkt warf hingegen ein senkrecht gesetzter Stab im 5.000 Stadien (= 800 Kilometer) entfernten Alexandria einen Schatten. Den Einfallwinkel der Sonne maß er mit sieben Grad, das heißt rund 1/50 des Vollkreises. Indem er nun die Entfernung mit 50 multiplizierte, kam er auf einen Erdumfang von 250.000 Stadien. Das ergab umgerechnet rund 40.000 Kilometer und entsprach damit recht genau dem heute gültigen Wert.

Nur hin und wieder vertraten einzelne spätantike christliche Autoren wie Laktanz (ca. 250–325), Berater des Kaisers Konstantin I., eine gegenteilige Auffassung. Gestützt auf das Alte Testament, in dem zwar nicht ausdrücklich von der Erde als einer Scheibe die Rede ist, verschiedene Stellen dies aber nahelegen, griff er die alten Argumente auf, wonach die Menschen auf der Unterseite der Erde dann ja auf dem Kopf stünden, die Pflanzen und Bäume nach unten wüchsen und der Regen von unten auf sie fallen müsse. Er ignorierte also die Gravitationskraft, die Aristoteles bereits hervorgehoben hatte. Nikolaus Kopernikus kritisierte ihn dafür ausdrücklich in seinem Epoche machenden, den Blick auf den Kosmos tatsächlich revolutionierenden Werk *De Revolutionibus orbium coelestium* von 1543 ausdrücklich. Darin ging es im Kern aber längst nicht mehr um die Gestalt der Erde, sondern um den Konflikt zwischen dem geo- oder heliozentrischen Weltbild, also die Frage, ob die Erde das Zentrum des Universums sei und die Sonne um die Erde kreise oder umgekehrt. Dieser Streit zog sich tatsächlich noch einige Zeit hin, führte den italienischen Priester und Astronomen Giordano Bruno im Jahr 1600 in Rom auf den Scheiterhaufen und zwang Galileo Galilei 1632 zur Rücknahme seiner Überzeugungen, da sie nach Auffassung seiner kirchlichen Gegner doch erheblich mit den Vorstellungen der biblischen Schöpfungsgeschichte kollidierten.

Die Frage, ob Scheibe oder Kugel, war hingegen längst geklärt und wurde von wichtigen Autoren das ganze Mittealter hindurch immer und immer wieder bestätigt. Sie hatte ihren sichtbaren repräsentativen Niederschlag auch im Reichsapfel als Insignie der Weltherrschaft des deutschen Kaisers gefunden, dessen Bezugnahme auf die Gestalt der Erde von den Zeitgenossen unterstrichen wurde. Die wenigen Zweifler am Globus-Modell, die es noch gab, blieben ohne nennenswerten Einfluss. Angesichts dieser Sachlage erstaunt es doch sehr, dass dem mittelalterlichen Denken mit großer Beharrlichkeit unterstellt wird, von der Welt als einer Scheibe ausgegangen zu sein. Erkundet man indes, wann der dem Mittelalter zugeschriebene *Mythos von der flachen Erde* überhaupt aufgekommen ist, stößt man auf den verblüffenden Befund, dass er im Kern erst aus dem frühen 19. Jahrhundert stammt und eng mit der Person des amerikanischen Schriftstellers Washington Irving verbunden ist. Irving, im April 1783 geboren, als gerade der Waffenstillstand im amerikanischen Unabhängigkeitskrieg verkündet wurde und daher nach George Washington, dem Kommandeur der Revolutionstruppen, benannt, gelang es als erstem amerikanischen Schriftsteller von seiner Kunst zu leben. Dazu trug nicht zuletzt sein jahrzehntelanger Aufenthalt in Europa bei, der ihm Zugang zu verschiedenen nationalen Literaturkreisen verschaffte. Irving, der aus einer ursprünglich puritanischen schottischen Familie stammte, veröffentlichte 1828 *Die Geschichte des Lebens und der Reisen Christoph Columbus* in Form einer Romanbiografie. Darin lässt er den Seefahrer in einer fiktiven Konferenz an der Universität von Salamanca gegen angeblich verbohrte Kirchenmänner auftreten und begründet damit ohne jegliche Belege den Mythos von der mittelalterlichen Scheibentheorie. Die Beweggründe hierfür waren doppelter Natur. Vom erzählerischen Standpunkt betrachtet war es viel heldenhafter und aufregender, wenn Columbus sich bei seiner bahnbrechenden Fahrt nach Indien gegen die herrschende Gelehrtenmeinung stellte und der Gefahr aussetzte, am Rande des Ozeans womöglich ins Leere zu stürzen. Dahinter verbarg sich aber etwas sehr viel Grundsätzlicheres. Irving war 1827 mit dem russischen Gesandtschaftssekretär in Spanien von Sevilla zur Alhambra gewandert und veröffentlichte 1829 die *Chronik der Eroberung Granadas* und kurz darauf auch noch die Kurzgeschichtensammlung *Erzählungen von der Alhambra*. In beiden Werken geißelte er die christliche Reconquista Spaniens als eine Barbarei gegenüber der islamischen Hochkultur der

Mauren. Mit der Unterstellung, die mittelalterlichen Autoren hätten wider den längst bekannten Stand der Wissenschaft beharrlich die Vorstellung von der Gestalt der Erde als einer Scheibe vertreten, brandmarkte er die christliche Kirche und die von ihr geprägte Gelehrtenwelt als dogmatisch, primitiv und wissenschaftsfeindlich. Für die USA bekam die dergestalt heroisierte Reise des Columbus noch eine zusätzliche chauvinistische Bedeutung, sollte sie dort doch den Aufbruch in eine neue, glücksverheißende und zivilisierte Zukunft markieren. Georg Christoph Lichtenberg, der erste Herausgeber von Mayers nachgelassenen Schriften, hatte diese Haltung schon zuvor in seinem *Sudelbuch* süffisant kommentiert und die Perspektive kurzerhand umgedreht: »Der Amerikaner, der den Kolumbus zuerst entdeckte, machte eine böse Entdeckung.«

Irving stand mit seiner antikirchlichen Invektive, die im Streit um die Darwinsche Evolutionstheorie neue Nahrung und unerwartete Aktualität erhielt, nicht allein. Voltaire und Thomas Paine, einer der geistigen Gründungsväter der Vereinigten Staaten, hatten ihm darin den Boden bereitet, der Pariser Academist Antoine-Jean Letronne begleitete ihn in seiner Mission und der Historiker und Diplomat Andrew Dickson White, der 1896 eine *Geschichte der Fehde zwischen Wissenschaft und Theologie in der Christenheit* verfasste, sollte ihm folgen. So wenig fundiert ihre Aussagen zur vermeintlichen Kugel-Scheiben-Divergenz war, setzte sich deren Behauptungen im Diskurs des 19. Jahrhunderts durch und prägten mehr und mehr das gängige Bild. Wie eine Analyse von deutschsprachigen Lehrwerken aus den Jahren 1723, dem Geburtsjahr Mayers, bis 2008 ergab, setzte sich die Erzählung von der Erdscheibe schließlich in der Mitte des 20. Jahrhunderts in den weit verbreiteten Schulbüchern durch und blieb auch im 21. Jahrhundert noch vorherrschend. Tobias Mayer wäre, mit deren Aussagen konfrontiert, doch sehr erstaunt gewesen, widersprach ihre unkritische Vorgehensweise und widerspruchsvolle Argumentationsform doch grundlegend seinem wissenschaftlichen Verständnis. Schon in seinen frühesten Publikationen hatte er darauf gedrungen, die herangezogenen Daten und Informationen einer strengen Quellenkritik zu unterziehen, »dass man nicht ungewisse Dinge für gewisse, und falsche für wahre ausgebe.« Ihm jedenfalls war klar, dass die Erde eine Kugel ist, sonst hätte er sich über den präzisen Verlauf der Meridiane auf seinen Karten und die verlässliche Bestimmung des Längengrads, die ihn noch viele Tage und Nächte kosten sollte, keine weiteren Gedanken machen müssen.

Titelblatt des Mathematischen Atlas von Tobias Mayer, 1745 (Ausschnitt)
mit allegorischen Darstellungen und Instrumenten der darin behandelten Themen

6
MATHEMATIK UND ZEICHENKUNST

Drei Interessensfelder haben in seiner Kindheit und Jugend eine besondere Aufmerksamkeit und Hingabe Tobias Mayers auf sich gezogen: das Malen, die Mathematik und das Militär. Sie sollten auch Ausgangspunkt für seine intellektuelle und berufliche Karriere werden. Die ersten Impulse zum Zeichnen und Malen hatte er von seinem Vater erfahren. Der hatte sich als Brunnenmeister der Stadt Esslingen nicht nur technisch talentiert gezeigt, er bewies auch eine »ziemliche Geschicklichkeit im Zeichnen der Risse von Maschinen und dergleichen«. Er erkannte zudem schon früh die Lust seines Sohnes zu malen, lobte und instruierte ihn im gemeinsamen Tun und durch illustrierte Bücher, die er ihm zum Kopieren gab. Wie beim Lesen und Schreibenlernen ist auch hier neben der ungewöhnlichen Auffassungsgabe die Beharrlichkeit erstaunlich, mit der sich Mayer der Aufgabe hingab. Eine kleine Kreuzigungsdarstellung, die ihm unter die Hand kam, zeichnete er mehr als ein Dutzendmal ab, bis er mit dem Ergebnis endlich zufrieden war. Der Zuspruch, den er in der ganzen Stadt mit seinen Bildern fand, ermunterte ihn, sich weiter darin zu üben.

Mit ähnlicher Hingabe widmete er sich dem militärischen Umfeld. Fasziniert vom Erscheinungsbild und Exerzieren der Soldaten der Kreisarmee, die vor den Toren der Stadt ihr Lager hatten, fertigte er sich aus Papier eine Patronentasche und eine Grenadiermütze, ließ sich vom Vater dazuhin eine Flinte und einen Degen aus Holz schnitzen und animierte die Nachbarskinder, es ihm gleich zu tun, so dass bald ein kleines Heer beisammen war, das gegen eine ebenso formierte Kinderschar aus einem anderen Stadtviertel zog. Die kriegerische Auseinandersetzung der beiden Heere hatte kaum begonnen, als ihr durch die Eltern ein Ende bereitet und Friede geschlossen wurde. Was als Kinderspiel hätte enden können, wirkte bei Tobias Mayer jedoch fort. Durch seine Bekanntschaft mit einem in Esslingen stationierten Unteroffizier der Kreisartillerie bekam er Unterricht in der Artilleriegeometrie und dem Fortifikationswesen. Er animierte ihn zur Anfertigung einer Reihe von Zeichnungen zu militärischen Gegenständen. Aus der angestrebten Militärkarriere ist wie gesehen nichts geworden. Das Thema ließ Mayer aber solange nicht ruhen, bis er es mit einer Zusammenfassung und Publikation seiner Kenntnisse abgeschlossen hatte. In Göttingen griff er das Thema wieder auf und machtes es regelmäßig zum Gegenstand seiner Vorlesungen.

Mit dem Stadtplan Esslingens von 1739 und seiner Karte der *Gegend um Esslingen* von 1743 hatte er die ersten ernsthaften Proben seines Könnens abgeliefert. In Esslingen selbst konnte er aber nicht länger bleiben. Die Stadt hatte ihm eine solide Schulbildung geboten und seine Talente so gut sie es konnte gefördert. Und er hatte geliefert. Er war eingedenk der wenig ertragreichen Bemühungen seines Vaters aber auch früh zu der Erkenntnis gelangt: »Die nützlichsten Dinge werden gemeiniglich am schlechtesten belohnet; zumalen in Reichsstädten.« Er musste sein Fortkommen folglich anderswo suchen. Zwar geschah dies zunächst mit Augsburg und Nürnberg wiederum in Reichsstädten, nun aber nicht mehr in städtischen Diensten, sondern in kommerziellen Wirtschaftsbetrieben. Immerhin wurde er von seiner Heimatstadt angemessen verabschiedet. Als Zeichen seiner Wertschätzung ließ der Rat der Stadt ihm »ein neu vorspecificirt bleumerant Kleid«, also einen mattblauen, zuvor genau festgelegten Rock sowie einen neuen Hut und ein Paar feine Strümpfe anfertigen und zudem seine alten Kleider ausbessern, damit er bei der Ankunft an seinem neuen Wirkungsort einen ordentlichen Eindruck machen konnte.

Mayer verließ Esslingen im August 1743 und wandte sich nach Augsburg. Dort war bereits sein älterer Halbbruder Georg Wilhelm als Kupferstecher untergekommen. Die Stadt war in der kollektiven Erinnerung der Familie gut verankert. Knapp zwanzig Jahre zuvor war der Vater vom Esslinger Magistrat auf eine Studienreise dorthin geschickt worden, um seine Kenntnisse als Brunnenmeister auszubauen. Das Wasserversorgungssystem der Stadt war berühmt und hatte schon Michel de Montaigne auf seiner Italienreise begeistert. Mayer berichtet, er habe, als er nach Augsburg kam, sogar »einige Leute angetroffen, die meinen Vater daselbsten noch gekannt hatten.«

Mayer stellten sich in Augsburg zwei zentrale Aufgaben. Zum einen musste er eine Anstellung finden, die ihm den Unterhalt sicherte, und zum anderen galt es, sein erstes großes Werk, den *Mathematischen Atlas,* fertig zu stellen und zum Druck zu befördern. Augsburg hatte, als Mayer dort ankam, zwar nicht mehr die herausragende Stellung wie im 16. Jahrhundert, als die Reichspolitik dort gestaltet und der Augsburger Religionsfrieden geschlossen wurde, es war aber noch immer ein bedeutsames Handels- und Wirtschaftszentrum insbesondere im Verlagswesen. Durch seinen Esslinger Stadtplan hatte Mayer bereits Kontakt zu der Kupferstecherfirma Gabriel Bodenehr bekommen. Verbindungen bis hin zu einer Anstellung sollen zu der kartographischen Anstalt Matthäus Seutters wie auch zu dem Schriftstecher Andreas Silbereisen entstanden sein, ohne dass hierüber gesicherte Nachrichten vorliegen. Fassbares Ergebnis dieses Aufenthaltes war hingegen sein *Mathematischer Atlas,* der von 1745 an in der Kartographie- und Kupferstecherfirma Johann Andreas Pfeffel erschien. In diesem prachtvollen Werk von insgesamt 68 ausladenden Tafeln legte Mayer gleichsam das ganze Wissen dar, das er sich bis dahin erworben hatte. Im Vorwort, das auf den 18. Januar 1745 datiert ist, erklärt er: Da »die Mathematischen

Wissenschaften zu keiner Zeit in so hohem Wert gewesen, und mit solchem Eifer als heut zu Tage getrieben werden«, und da »ich mit dem mir von GOTT aus Gnaden anvertrauten Pfunde wuchern, und meinem Nächsten nach meinen Kräften dienen möchte, habe ich mich entschlossen das nöthigste und nützlichste auszulesen, und auf eine kurze, jedoch leichte und deutliche Art denen Geneigten Liebhabern dieser herrlichen Wissenschaften in die Hände zu liefern.« Der Tonfall des noch nicht einmal ganz 22-Jährigen signalisiert ein stattliches Selbstbewusstsein. Was ihm *deo gratia* selbst zuteilwurde, will er also weitergeben. Dabei soll es sowohl um Notwendiges wie Nützliches gehen. Es ist seine Methode der Verarbeitung und Aufbereitung von Wissen. Indem er die Dinge systematisch ordnet und darlegt, versichert er sich der Verlässlichkeit seiner theoretischen Grundlagen und übt zugleich deren praktische Anwendung ein. Mayer breitet sein Wissen über »alle Theile der Mathematik« in zwölf Abteilungen aus. Er beginnt mit der Rechenkunst, behandelt dann die Geometrie, die Trigonometrie und die Astronomie, geht anschließend zur Geographie über, die er durch die Chronologie und die Gnomonik, also die Lehre vom Gebrauch der Sonnenuhr, ergänzt. Die weiteren Tafeln widmen sich der Fortifikation, der Artillerie und der »Civil-Baukunst«; abgeschlossen wird das Werk mit Ausführungen zur Optik und Mechanik.

So beeindruckend das Panorama ist, das Mayer entwirft, bietet er in der Sache doch kaum Neues. Er baut größtenteils auf den Werken der anerkannten Mathematiker und Astronomen seiner Zeit auf. Seine wichtigste Referenz ist der Hallenser Universalgelehrte Christan Wolff, dessen *Anfangsgründe aller mathematischen Wissenschaften* 1741 bereits in der fünften deutschen Auflage und dazuhin in zwei lateinischen Ausgaben vorlag. Ihm hatte Mayer schon sein Erstlingswerk gewidmet, dessen Einführung in die Mathematik stellte nun auch die wesentliche Grundlage für sein neues Werk

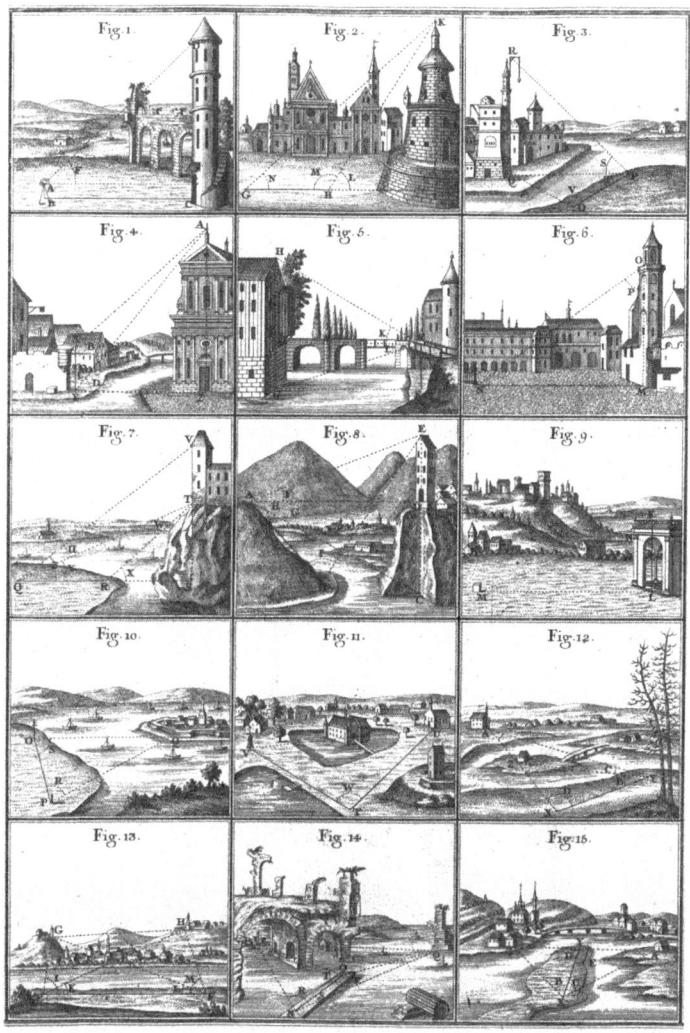

Tafel XII aus dem Mathematischen Atlas über die Vermessung von Höhen und Weiten (Ausschnitt)

bereit. Alle zwölf Abteilungen aus Mayers Atlas finden sich auch in Wolffs Werk, das noch acht weitere Teile aufweist. Wie Mayer den Stoff aber in Grafiken und Schaubildern aufbereitete, so dass er dem eigenen Anspruch gerecht wurde, ihn den Lesern auf eine »leichte und deutliche Art« darzubieten, weckt doch mächtiges Erstaunen. Denn anders als Wolff trennt er Text und Illustrationen nicht in zwei weit auseinander liegende Abschnitte, sondern kombiniert seine lehrbuchartigen Ausführungen zu den verschiedenen Themenfeldern mit sorgsam ausgefertigten Zeichnungen von geometrischen Körpern, Stadtansichten, Landschaftsdarstellungen, Sternenbildern und anderem mehr, woraus sich die Bezeichnung als *Atlas* begründet. Der Begriff meint hier nicht wie üblich eine Sammlung von Landkarten, sondern ein durch vielfältiges Bildmaterial angereichertes Nachschlagewerk. Die großformatigen Tafeln beinhalten in der Mitte jeweils als Kupferstiche ausgeführte Illustrationen, die von Erläuterungstexten links und rechts davon eingefasst werden. Diese Verbindung von Text und Bild war originell und erleichterte den Lesern das Verständnis der recht anspruchsvollen Ausführungen zu den verschiedenen Wissensgebieten. Es mag sein, dass der Erfolg des Werkes auch auf diese Text-Bild-Kombination zurückzuführen ist. Möglich und wirksam wurde sie jedoch erst durch Mayers Doppelbegabung als Mathematiker und Zeichner, seine »von GOTT aus Gnaden anvertrauten Pfunde«, die hier zum ersten Mal überzeugend zusammenkommen.

Die beiden Tafeln aus dem Atlas zur »Beschaffenheit der fürnehmsten geometrischen Instrumente« und zur »Altimetrie und Longometrie« (Abb. Seite 71) vermitteln einen beispielhaften Eindruck von dieser doppelten Begabung. Mayer wird sie später, als er sich daran machte, eine verbesserte wirklichkeitsgetreue Mondkarte zu verfertigen, noch einmal kunstvoll einsetzen. Um aufzuzeigen, wie die trigonometrische Messung von Höhen und Weiten in

Stadt und Land funktioniert, fertigt er 15 detaillierte Zeichnungen. Sie verfolgen einen klaren didaktischen Zweck, indem sie die geodätische Aufgabenstellung den unterschiedlichen Gegebenheiten folgend variieren und Schritt für Schritt auch komplizieren. Daraus erklärt sich ihr technischer, leicht schematischer Charakter. Zugleich bezeugen die Zeichnungen aber auch ein bemerkenswertes Geschick in der Darstellung. Die Architekturen sind variantenreich und durch Schattenwurf plastisch modelliert, die Dörfer gekonnt in der Landschaft platziert, die materielle Anmutung von Wasser, Wiesen und Wällen stimmig aufgenommen. Alles wirkt klar ins Bild gesetzt und ist vom Betrachter auf den ersten Blick erfassbar. Noch ein Stück technischer mag das Ensemble von Instrumenten auf der anderen Tafel anmuten (Abb. Seite 74). Aber auch hier ist der Detailreichtum, die Wiedergabe der unterschiedlichen Materialien und die erreichte Plastizität etwa im Erscheinungsbild einer aufgewickelten Messschnur verblüffend. Selbst wer sich Mayers ausführlichen Begleittexten zur rechten Anwendung der Instrumente in den Kommentarspalten entzog, musste von den Illustrationen angetan sein. Es verwundert daher nicht, dass der Atlas eine zweite Auflage erreichte und die Handschrift als Teil eines größeren Konvolutes später vom württembergischen Herzog Carl Eugen aufgekauft und der königlichen Bibliothek einverleibt wurde.

Dieses kolossale Werk konnte Mayer nicht in der kurzen Zeit von rund 17 Monaten zwischen seiner Ankunft in Augsburg im August 1743 und dem Verfassen des Vorwortes im Januar 1745 geschaffen haben. Musste er auch nicht. Denn der Atlas sollte nach und nach in Lieferungen von sieben bis acht Blättern jedes halbe Jahr ausgegeben werden, um am Ende von den Käufern auf eigene Rechnung und nach eigenem Gusto gebunden zu werden. So ist es auch geschehen, wie die überlieferten Bände zeigen. Bei 15 Blättern jährlich wurden Mayer folglich volle vier Jahre bis zur Vollendung eingeräumt. So viel

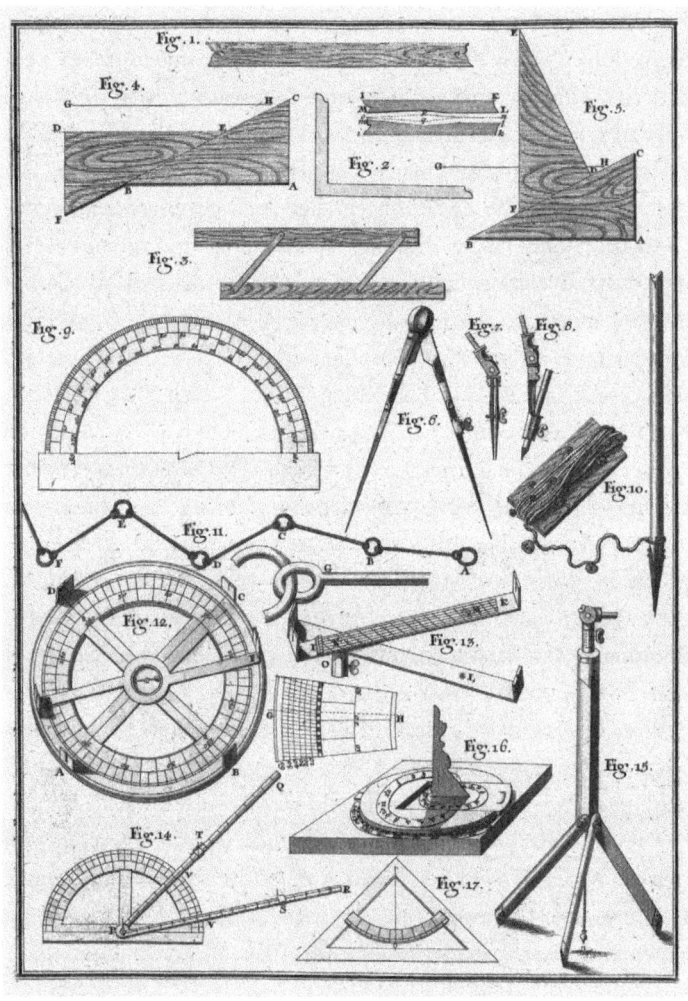

Tafel XI aus dem Mathematischen Atlas über »Die Beschaffenheit der fürnehmsten geometrischen Instrumente« (Ausschnitt)

Zeit benötigte er nicht, da er zum Teil auf Vorarbeiten aus Esslingen zurückgreifen konnte und sowieso einen Fleiß und ein Arbeitstempo an den Tag legte, dass er den Band bis zu seinem Weggang nach Nürnberg 1746 nicht nur abgeschlossen, sondern ihm auch noch ein zweites Buch über die Festungsbaukunst an die Seite gestellt hatte.

Augsburg war für Mayer nur eine Zwischenstation in seiner Laufbahn. Sie eröffnete ihm jedoch zahlreiche neue Kontakte in die Welt der Gelehrten und Künstler. Ein Geistesverwandter und von besonderem Interesse für ihn dürfte Georg Friedrich Brander gewesen sein, ein Präzisionsmechaniker, der an der Nürnberger Universität in Altdorf Mathematik und Physik studiert hatte und im Begriff stand, einer der gefragtesten Hersteller wissenschaftlicher Präzisionsgeräte in ganz Europa zu werden. Er fertigte 1737 das erste Spiegelteleskop in Deutschland und entwickelte unaufhörlich neue optische Geräte und Messinstrumente. Gemeinsam arbeiteten sie an einem Fernrohr mit Glasmikrometer, das Mayer alsbald bei seinen astronomischen Studien wertvolle Dienste leisten sollte. Vorerst waren es aber die Erfahrungen in der Augsburger Verlagswelt, die ihm den Weg zu einer festen Anstellung in Nürnberg bahnten.

7
DIE VERMESSUNG DER ERDE

Im Laufe des Jahres 1745, der genaue Zeitpunkt ist nicht bekannt, traf Tobias Mayer in Nürnberg ein. Die Stadt galt lange Zeit als Mittelpunkt Deutschlands, ja Europas, da sich hier wichtige Handelswege zwischen Ungarn und Frankreich, Ostsee und Mittelmeer kreuzten. Zeitweise hatte es sogar die inoffizielle Stellung einer Reichshauptstadt inne, nachdem in der *Goldenen Bulle*, dem Reichsgrundgesetz von 1356, bestimmt worden war, dass der erste Reichstag eines jeden neu gewählten Königs in Nürnberg stattzufinden habe. Von Kaiser Sigismund war 1424 zudem verfügt worden, die Insignien des Reiches – Krone, Szepter und Reichsapfel – auf ewige Zeiten in der Stadt Nürnberg aufzubewahren. Um 1550 waren Nürnberg und Köln mit Abstand die größten Städte im Reich. Das änderte sich bis 1740 nachhaltig. Nun standen Wien und Berlin als königliche und kaiserliche Residenzstädte an erster Stelle, und auch die Hafenstadt Hamburg sowie München und Dresden hatten Nürnberg längst überholt. Selbst die Reichsinsignien waren verloren gegangen, nachdem es den Habsburger gelungen war, die deutsche Kaiserwürde zu einem Erbtitel im eigenen Haus umzuformen.

Seinen Erfindergeist hatte die Stadt hingegen bewahrt. Nürnberg war nicht von vorneherein zur Metropole bestimmt. Weder lag es an einem schiffbaren Fluss, noch gab es fruchtbare Ackerböden und auch das Klima war eher rau. Die Stadt verstand es aber, die Standortnachteile durch Geschick und Innovationsgeist auszugleichen. Hier entstanden die ersten Papiermühlen in Deutschland, hier wurde durch Nadelholzsaat die europäische Forstkultur begründet und hier wurde unter anderem von Peter Henlein die Taschenuhr erfunden. Dies alles begründete den besonderen Rang der Stadt. Für Tobias Mayer war indes entscheidend, dass in Nürnberg der bedeutendste Kartenhersteller Deutschland, der *Verlag Homännische Erben*, seinen Sitz hatte und im Begriff war zu expandieren.

Zwar sind Mayers Interessen breit gefächert und seine Lernbereitschaft scheint grenzenlos auf allen Gebieten. Ausgangs- wie Endpunkt bleiben jedoch die Kosmographie und die Kartographie. Ging es der Kosmographie um die Erkundung und Beschreibung der Welt unter Einbezug ihres astronomischen Umfeldes, so der Kartographie darum, wie sich die Fülle der dabei gewonnenen Erkenntnisse in zweidimensionaler Form graphisch stimmig und angemessen darstellen ließen. Um diese Aufgabe befriedigend bewältigen zu können, waren allerdings ausgeprägte Kenntnisse in Mathematik und Geometrie, Geographie und Landeskunde, Geodäsie und Astronomie und letztlich auch in der Instrumentenkunde erforderlich, da alle Messungen nur so präzise sein konnten, wie es die Messinstrumente zuließen.

Die Zentren der Kartographie im 18. Jahrhundert waren Augsburg und Nürnberg, bevor im Übergang zum 19. Jahrhundert Berlin und Wien als Metropolen sowie das Geographische Institut Weimar als solitärer Anbieter die Führung auch in dieser Domäne übernahmen. Beide Reichsstädte, Augsburg wie Nürnberg, hatten im 16. Jahrhundert einen besonderen Rang im politischen Geflecht des Reiches eingenommen, was sich nicht zuletzt auch in ihrer kulturellen Ausstrahlung und ihrer Stellung als Knotenpunkte der Kommunikation und des Verlagswesens bemerkbar machte. Augsburg bestach dabei durch die außergewöhnliche Qualität seiner Kupferstecher und die Bedeutung seiner Verlage. Mit der Geschichte der Kartographie war Augsburg insbesondere durch die *Tabula Peutingeriana*, die mittelalterliche Kopie einer spätrömischen Straßenkarte, verbunden. Sie war um 1507 in den Besitz des Augsburger Patriziers und Humanisten Konrad Peutinger gekommen und zeigte in schematischer Form die ganze damals im Westen bekannte Welt mit Meeren, Gebirgen, Flüssen und über 500 Städten sowie Angaben über die Straßen und Entfernungsangaben zwischen ihnen. Die Karte wurde erstmals 1591 in Venedig und in verbesserter Form 1598 in Antwerpen gedruckt, was die internationale Vernetzung der Reichsstadt am Lech unterstreicht. Augsburg hatte sich insbesondere im Graphikgewerbe einen Namen gemacht. Nirgendwo waren auch nach dem Dreißigjährigen Krieg mehr Kupferstecher, Formschneider und Illuminatoren am Werk als hier. Die Stadt galt in der ersten Hälfte des 18. Jahrhunderts als die »Bilderfabrik Europas«. Was Augsburg aber fehlte, war eine Universität und damit ein wissenschaftliches Umfeld, das der Kartographie inhaltlich eine Basis gab und Innovationen ermöglichte. Mit Martin Seutter siedelte sich 1707 ein Kupferstecher und Verleger an, der auch noch aktiv war, als Mayer 1743 nach Augsburg kam. Sein Geschäftsansatz bestand im Kern jedoch im Nachdruck von Karten, die vornehmlich von den wirklich führenden Kartographen, nämlich Johann Baptist Homann in Nürnberg, bei dem er gelernt hatte, und Guillaume de l'Isle in Paris stammten. Wenn Mayer Anschluss an die Avantgarde der kartographischen Entwicklung gewinnen wollte, musste er weiterziehen. Augsburg war daher für ihn nur eine Zwischenstation auf seinem Berufs- und Lebensweg. Die Stadt hatte ihm seine ersten Publikationen ermöglicht, wichtige Kontakte vermittelt und wertvolle Einblicke in die Herstellung und den Vertrieb von Druckwerken verschafft. Sie bot aber, sieht man von der Bedeutung des überragenden Instrumentenmachers Georg Friedrich Brander ab, nicht die Perspektive, die Mayer in seinen Bemühungen um eine verbesserte Kartographie voranbringen konnte. Um ein »Karten-Perfektionist« zu werden, was bis zu seinem Wechsel nach Göttingen sein zwar unausgesprochenes, aber vielfach erkennbares Ziel war, bedurfte es einer anderen, ähnlich ambitionierten und noch besser aufgestellten Umgebung. Der perfekte Ort dafür war Nürnberg.

Nürnberg hatte bereits im ausgehenden 15. Jahrhundert eine führende Position in der Kartographie erlangt. Hier war 1490 eine erste Weltkarte erschienen, zwei Jahre später die älteste politische Karte Deutschlands gefertigt, im gleichen Jahr von dem Patrizier Martin Behaim auch der älteste noch erhaltene Erdglobus in Auftrag gegeben und 1543 im Verlag von Johannes Petreius das Epoche machende Hauptwerk von Nikolaus Kopernikus *De revolutionibus orbium coelestium – Über die Umlaufbahnen der Himmelskörper* erschienen. Aus diesen Pionierarbeiten entwickelte sich im Laufe des 16. Jahrhunderts ein Zentrum der Kartographie, des Druckgewerbes und der Herstellung von Globen, die nach ganz Europa exportiert wurden. Welche Ausstrahlung die Nürnberger Qualitätsarbeit in dieser Zeit hatte, demonstriert auch der Umstand, dass der erste Stadtplan Venedigs, der im Jahr 1500 erschien, von dem dort ansässigen Nürnberger Hans Kolb verlegt wurde.

Der Dreißigjährige Krieg bereitete dieser ersten Blütezeit der Kartographie in Nürnberg ein rabiates Ende. Nun übernahmen die Franzosen die Führerschaft in der wissenschaftlich-praktischen Grundlegung der Kartographie und die nördlichen Niederlande die Vorherrschaft in deren kommerzieller Nutzung, indem sie den stetig wachsenden Markt belieferten. Seit 1648 als eigenständige Republik in ganz Europa anerkannt, nutzen die Niederlande ihre Unabhängigkeit im Aufstieg zur größten Handels- und Wirtschaftsmacht im 17. Jahrhundert. Sein global ausgerichteter Seehandel bescherte dem Land ein *Goldenes Zeitalter*, das sich in einer ausgeprägten Stadtkultur und einer überbordenden Kunstproduktion artikulierte. Amsterdam bildete nicht nur die »Drehscheibe des damaligen Welthandels«, sondern avancierte auch zum unangefochtenen Zentrum der Kartenproduktion und des Kartenvertriebs, was durch einen enormen Konkurrenzdruck noch befeuert wurde. Konnten die dortigen Verleger bis in die zweite Hälfte des 17. Jahrhunderts für ihre

Produktion auf eigene geographische Erkenntnisse und astronomische Beobachtungen aus dem näheren Umfeld zurückgreifen, mussten sie sich ab 1690 französischer Vorlagen bedienen, welche die eigenen Produkte in der Präzision mittlerweile deutlich übertrafen. Da es noch keine gesicherten internationale Urheberechte gab, stellte das *Abkupfern* für die Verlage rechtlich kein Problem dar. Dem führenden Amsterdamer Verleger Pieter Mortier, der den Nachdruck fremder Karten zum Geschäftsprinzip erhob, gelang es sogar, sich ein Monopol für die Reproduktion französischer Karten seitens der beiden Gliedstaaten Holland und Westfriesland zu beschaffen.

Angesichts der wachsenden Nachfrage, des Aufwands und der Komplexität in der Erstellung von Karten war der Rückgriff auf Vorlagen anderer unabdingbar. Dies hat auch Mayer in seinem *Mathematischen Atlas* betont. Das Verfahren wurde deshalb für Johann Baptist Homann, der mit der Gründung des *Homännischen Verlages* 1702 die Kartographie in Nürnberg zu einer neuen Blüte verhalf, gleichfalls zum Ausgangspunkt seines Aufstiegs. Er begnügte sich damit aber nicht, er stellte seinen Verlag durch die Zusammenarbeit mit Wissenschaftlern der in Altdorf ansässigen Universität auf ein eigenes Fundament und optimierte die Kartenherstellung sowohl inhaltlich wie auch in verlegerischer Hinsicht. Zu den neuen Standards, die Homann einführte, gehörten weitgehend einheitliche Formate von circa 48 cm Höhe und 55 cm Breite, die Nordung der Karten sowie die Beigabe eines linearen Maßstabes. Dazu kamen eine ansprechende Gestaltung mit barocken Arabesken und Wappen und als graphische Innovation, die Schule machen sollte, die farbige Kennzeichnung der vielen verschiedenen Herrschaften, was den Betrachtern eine bis dahin nicht gekannte Übersichtlichkeit bot. Innerhalb von wenigen Jahren gelang es ihm, ein respektables Portfolio von neuen Karten zu entwickeln, so dass er 1707 sein erstes gesammeltes Werk, den *Atlas über die gantze Welt,* mit

Johann Baptist Homann (1664–1724),
Gründer des Homännischen Landkartenoffizin in Nürnberg

33 Welt- Europa- und Länderkarten und zusätzlich einer Darstellung des Sonnensystems veröffentlichen konnte. Drei Jahre später folgte der *Kleine Atlas Scholasticus von achtzehen Charten*, womit er den ersten Schulatlas weltweit schuf, der diese Funktion schon im Titel trug. Die allgemeine Euphorie an der Erkundung der Welt und ihre Wiedergabe in Atlanten hatte damit das pädagogische Feld erreicht und konnte sich so in immer weitere Kreise ausbreiten.

Homann war mit seiner Nürnberger Offizin ein durchschlagender Erfolg beschieden. Die von ihm und seinen Mitarbeitern neu gestochenen Karten überzeugten durch ihre optische Qualität, ihre gestalterische Anlage und ihren Preis, so dass er den niederländischen und französischen Produkten Paroli bieten konnte und seine Anstalt »für ein halbes Jahrhundert zum Mittelpunkt der deutschen Verlagskartographie« machte. Diese kartographische wie unternehmerische Leistung fand breite Anerkennung. 1715 wurde Homann in die Königlich Preußische Akademie der Wissenschaften berufen, im gleichen Jahr zum Kaiserlichen Geographen ernannt und 1722 von Zar Peter dem Großen zu seinem Agenten gemacht. Als er 1724 starb, hatte sein Verlag 200 Karten im Angebot und Nürnberg zum unbestrittenen Zentrum der Kartographie in Deutschland gemacht. Da sein Sohn Johann Christoph Homann, der das Zeug hatte, dem Verlag neue Impulse zu geben, wenige Jahre später gleichfalls starb, ging der Verlag 1730 in neue Hände über und firmierte fortan unter dem Namen *Homännische Erben*. Die Leitung hatten nun Johann Georg Ebersberger, der Stiefschwager des letzten Homann, sowie dessen Studienfreund Johann Michael Franz. Sie verschafften dem Verlag in den Jahren von 1730 bis 1760 einen zweiten Aufschwung, bewahrten das Renommee des Hauses und fanden in Tobias Mayer 1745 den Mann für ihre innovativen Unternehmungen, den sie dringend brauchten. Wie Mayer und die Homännischen Erben zusammenkamen, ist

Atlas Methodicus von Johann Hübner und Johann Baptist Homann, 1719
Dieser Atlas mit kleinen halbstummen Karten wurde für das Abprüfen
geographischen Wissens bei Schülern gestaltet. Das Titelblatt gibt
eine solche Prüfung am Beispiel Italiens wieder.

nicht bekannt. Im Grunde konnten sie sich kaum verpassen, da der Verlag mit seinem Angebot an Karten und Globen einen markanten Expansionskurs verfolgte, also tüchtige neue Mitarbeiter benötigte, und umgekehrt Mayer mit seinen *Mathematischen Atlas* als Kartograph und Zeichner sein Können publikumswirksam unter Beweis gestellt und auf sich aufmerksam gemacht hatte. Mayer schlägt eine Weiterbeschäftigung bei der Pfeffelschen Verlagsanstalt in Augsburg aus und wechselt nach Nürnberg. Von dort teilt Johann Michael Franz, die treibende Kraft des neuen Arbeitgebers, dem großen Mathematiker Leonhard Euler in Berlin mit, »er habe noch einen jungen Mathematiker, nämlich Tobias Mayer, aufgenommen, er sei bei der Analyse genauso überzeugend wie Herr Lowitz.« Mit Euler, Franz, Lowitz und Mayer trifft in diesem Brief erstmals ein Quartett von Mathematikern, Astronomen und Kartographen aufeinander, von denen drei später zu Professoren in Göttingen avancieren, während der vierte, Euler, Mayers wichtigster Briefpartner wird.

Der Verlag bildete eine Arbeits- und Lebensgemeinschaft aller seiner Angehöriger. Franz und Ebersberger, die Homännischen Erben, hatten 1733 ein patrizisches Wohnpalais erworben, das bis zu seiner Auflösung 1848 Sitz und Angelpunkt des Verlages war. Das großzügige, heute nach seinem letzten namhaften Besitzer Fembohaus benannte Ensemble setzte sich zusammen aus imposantem Vorderhaus, Mitteltrakt und Hinterhaus samt Hof mit Brunnen, Altanen und Galerien. Mit seinen hoch aufragenden vier Stockwerken und drei Dachböden bot es Raum für alle erforderlichen Aufgabenfelder des Verlages von den Ateliers der Zeichner und Kupferstecher, über das Kupferplatten- und Papierlager, die Druckerei, die Buchhaltung und das Archiv bis hin zu den repräsentativen, mit frischem Stuck verzierten Verkaufsräumen, die das Selbstverständnis und die herausragende Stellung der Offizin verkörpern sollten. Das Besondere an dem Verlagssitz war jedoch, dass er zugleich Wohnort der

Verleger und ihrer Familien wie auch zumindest einiger Mitarbeiter war. Franz und Ebersberger bewohnten jeder ein eigenes Stockwerk über den Verlagsräumen, wobei das Los darüber entschieden hatte, wem welche Etage zufiel. Ebersberg bekam das erste Stockwerk, gemeinhin Wohnbereich der Besitzer, und Franz und seine Familie, darunter auch zwei Brüder, die zweite Etage, die in Patrizierhäusern üblicherweise für repräsentative Zwecke reserviert war. Insgesamt beherbergte der Verlag bis zu 15 Angehörige der Verlegerfamilien. Hinzu kamen Mitarbeiter des Verlags und das Dienstpersonal. Auch Mayer wird hier seine Unterkunft gefunden haben, was ihm sehr entgegengekommen sein dürfte, da er es schon immer gewohnt war, bis weit in die Nacht hinein zu arbeiten. Wie eng die Verquickung von Beruf und Privatleben war, wird noch augenscheinlicher, wenn man sich die familiären Verbindungen vor Augen führt. Als Mayer den Ruf nach Göttingen erhielt, konnte er allmählich daran denken, die Ehe einzugehen. Seine Wahl fiel auf Maria Victoria Gnüge, eine Cousine der Ehefrau seines Arbeitgebers Johann Michael Franz. Dessen Schwester wiederum war mit Georg Moritz Lowitz, dem Dritten unter den leitenden Figuren des Verlags, verheiratet, so dass sich die Arbeitsgemeinschaft immer mehr zu einem Familienclan verdichtete. So gleichgerichtet die Interessen der drei Hauptakteure waren, hatte doch jeder sein eigenes Arbeitsfeld. Die Verlegerpersönlichkeit Franz dachte sich ständig neue Produkte aus und war insbesondere darauf bedacht, den Verlag im politischen Feld erfolgreich zu positionieren. Eines seiner favorisierten Projekte war die Erweiterung der Produktpalette durch Globen, um deren Erstellung sich Lowitz, der als Mechaniker und Mathematiker dafür prädestiniert schien, zu kümmern hatte. Mayer hingegen sollte sich zunächst der Verbesserung der angebotenen Karten widmen.

Karten hatten im 18. Jahrhundert unterschiedliche Aufgaben zu erfüllen. Sie waren zunächst Ausdruck des Verlangens, sich ein Bild von der Welt zu machen. Als solches waren sie in den Häusern der Gebildeten, in den Amtsstuben der Verwaltung und in den höheren Schulen als Wandobjekte oder in Form von Atlanten weit verbreitet. Sie vermittelten eine Vorstellung von den geographischen Gegebenheiten und unterstrichen die jeweils aktuellen politischen Verhältnisse. Im Mittelpunkt der massenhaft gedruckten und folglich am häufigsten nachgefragten Blätter standen Darstellungen von Staaten und Städten. Von den im Homann Verlag insgesamt angebotenen 966 Karten waren zwei Drittel politisch-historischen Darstellungen gewidmet. Die Fülle der darin eingezeichneten Details ließ freilich oftmals nur summarische Überblicke zu und »forderte den Kartenleser weit mehr zur Bewunderung des Universums und seines kartographischen Abbilds auf als zu Messungen auf dem Kartenblatt«, deren Präzision oftmals ohnehin zu wünschen übrigließ. Ein Zitat aus Goethes *Wilhelm Meisters Wanderjahre* spiegelt diesen Kartengebrauch: »sobald Julie nur einen Band gewahr geworden, dergleichen aus der Homannischen Offizin eine ganze Reihe dastanden, so wurden sämtliche Städte gemustert, beurteilt, vorgezogen oder zurückgewiesen; alle Häfen besonders erlangten ihre Gunst; andere Städte, welche nur einigermaßen ihren Beifall erhalten wollten, mussten sich mit viel Türmen, Kuppeln und Minaretten fleißig hervorheben.« Nicht der praktische Gebrauchsnutzen, sondern das interesselose Wohlgefallen und das visuelle Flanieren durch unbekannte Städte und Landschaften standen im Vordergrund. Das mit barocken Elementen ausstaffierte Dekor der Blätter, das die Homannsche Offizin besonders gut beherrschte, unterstrich das Vergnügen an solchen »Zimmerreisen« . Idealtypisch verkörpert wurde das wachsende Interesse an den Geschehnissen und Gegebenheiten in der Welt durch die neue Gruppe der Zeitungsleser. In einer Betrachtung über den Nutzen der alten und neuen Landkarten hieß es 1713: »Die gröste Gemüths-Vergnügung machen uns die

Land-Charten bey dem Lesen der so genannten Zeitungen, welche uns alle curiosa und notabilia aus der gantzen Welt zu Ohren tragen. Diese lesen große Potentaten, gelehrte Leute, sinnreiche Künstler und arbeitsame Hausväter […]. So bald von einem unbekandten Orte gemeldet wird, sind sie begierig zu wissen, wo derselbe zu finden sey und wie er liege, ob es ein Dorff, Flecken oder Stadt sey? Denn in den Kriegen werden offt die Dörfer und schlechtesten Oerter durch merkwürdige Begebenheiten und Schlachten so bekandt als die Städte.«

Karten dienten in dieser gerade im Entstehen begriffenen bildungsbürgerlichen Betrachtungsweise zunächst also der angestrebten Allgemeinbildung. Daneben verfolgten sie, insbesondere wenn sie als Militär-, Wege-, Religions-, Gewässer oder Geschichtskarten Spezialthemen behandelten, selbstverständlich auch praktische Zwecke. Die graphische Aufbereitung des zusammengetragenen geographischen Wissens bot notwendige Orientierung im konkreten Alltagszusammenhang. Das galt beispielsweise für die Postrouten- und Seekarten. Die erste Karte mit den Postwegen des Heiligen Römischen Reiches erschien im Homann Verlag bereits 1714 und wurde zum Standardprodukt für das gesamte 18. Jahrhundert. Seekarten hingegen wurden vom Nürnberger Verlag aus naheliegenden Gründen nicht angeboten. Dafür schuf er aber eine Karte des Schlaraffenlandes, womit er nicht nur Humor, sondern auch Geschäftssinn bewies, da das Blatt offensichtlich mehrfach aufgelegt werden konnte.

Mit dem zunehmenden Ausbau der Staatsverwaltung und ihrem Bemühen, alle Aspekte des öffentlichen und privaten Lebens ihrer Steuerung und Kontrolle zu unterwerfen, bekamen Karten eine immer wichtigere administrative Funktion. Sie dienten Rechts- und Steuerverfahren, Industrie, Handel und Verkehr ebenso als Grundlage wie dem Gesundheitswesen, der Armenfürsorge, Bildung und

Erziehung. So vollzog sich etwa die Einführung von Hausnummern anstelle von Verortungen über Nachbarschaftsbezeichnungen im Laufe des 18. Jahrhunderts aus verwaltungstechnischen, vorwiegend militärischen und polizeilichen Gründen. Durch die eindeutige Identifizierung und Kennzeichnung von Gebäuden sollten Einquartierungen von Soldaten oder die Aushebung von Rekruten erleichtert und verdächtige Personen schneller ausfindig gemacht werden. Dies konnte aber nur gelingen, wenn zugleich auch detaillierte Stadtpläne erstellt wurden.

In Frankreich war dieser Prozess der präzisen Kartierung des ganzen Landes mittels trigonometrischer Vermessungen im Gelände bereits im 17. Jahrhundert begonnen worden. Die fortgeschrittene wissenschaftliche Grundlegung der Kartographie und der absolutistische Herrschaftsanspruch Ludwigs XIV. hatten dafür den Weg gebahnt. In Deutschland, das in viele Kleinstaaten gegliedert und von den Folgen des verheerenden Dreißigjährigen Kriegs noch lange beeinträchtigt war, dauerte es hingegen bis Ende des 18. Jahrhunderts, dass damit überhaupt begonnen wurde. In Bayern wurde die Entscheidung für eine umfassende Landesaufnahme im Jahr 1800 unter napoleonischer Besatzung, in Württemberg durch königlichen Erlass 1818 getroffen. Tobias Mayers Bemühungen um die Verbesserung des Kartenwesens im Umfeld des Homännischen Verlages bewegen sich daher in einer Zwischenperiode und markieren den Aufbruch zu einer neuen Grundlegung der Kartographie.

Ausgangspunkt von Mayers lebenslanger Beschäftigung mit Landkarten ist eine bei ihm zutiefst verankerte Faszination: »Die vornehmste Frucht der Geographie«, so schreibt er 1747 in einem Aufsatz, »sind die sogenannten Landkarten auf welchen unsere Erde gleichsam abgemahlet ist. Man kann darauf mit einem innigen Anblick alles dasjenige erkennen, was sonst auf dem wirklichen Original zu sehen, keines Menschen Alter zureicht. Was so viel Reisenden, Mühe und Lebensgefahr, der Fleiß und Nachsinnen so vieler Gelehrter Männer, auch die Unkosten, welche so mancher große Herr darauf verwendet nach und nach ausgeforschet und zuwegen gebracht haben, das kann ein jeder aus den geographischen Karten ohne Mühe in seiner Stube deutlich erkennen, und sich nach Erforderung seiner Umstände besonderen Nutzen daraus ziehen. Die Landkarten verwahren uns einen Schatz, daran so lang unsere Erde stehet, gesammelt worden, und der um so viel kostbarer ist, je weniger es auf andere Weise möglich ist, denselben zu erhalten.«

Mayer verbindet in diesem Text die Ehrfurcht vor dem Reichtum der Schöpfung, die angesichts seiner familiären Erziehung durchaus religiös fundiert gewesen sein dürfte, mit einer höchst modernen Medientheorie. Die Welt kann in ihrer Fülle und Ausdehnung von niemandem in persönlicher Anschauung und aus eigener Erfahrung erfasst werden. Dies ist nur medial vermittelt möglich und das beste Medium hierfür sind nach seiner Auffassung eben Landkarten, weil in ihnen die Wahrnehmungen und das Wissen von vielen Reisenden und Gelehrten gesammelt und aggregiert worden ist. Mehr noch: Nur im Medium der Karten und, wie wir ergänzen sollten, der zugehörigen Literatur, lässt sich der Schatz, die Summe der Schöpfung, die in ständiger Veränderung begriffen ist, bewahren – jedenfalls solange die Erde überhaupt noch besteht. Der Denkraum, den Mayer hier vermisst, ist gewaltig, verbindet er doch astronomische Betrachtungen – »so lang unsere Erde stehet« – mit zivilisatorischen Wertfragen und dem Problem der menschlichen Erkenntnismöglichkeiten. Er bleibt jedoch nicht beim theoretischen Entwurf stehen, sondern benennt im Anschluss auch den Punkt, wo es anzusetzen gilt, um sicherzustellen, dass dieser Schatz der Schöpfung und der zivilisatorischen Errungenschaften auch tatsächlich richtig erkannt werden kann. Dieser Punkt ist die Qualität der Karten. Hier verlangt er nachhaltige Verbesserungen, denn es sei, wie er fortfährt, »zu bedauern, daß unter diesem wahren Gut, so viel falsches und unnützes vermischt liegt.« Die meisten Kartenleser ließen sich betrügen durch »das äußerliche Ansehen der Karte, durch den schönen Stich, und eine wolgesetzte Ordnung der Wörter, auch durch einen prächtigen Titel, dabey die Wörter Tabula exactissima, accruratissima, novissima p. nicht vergeßen worden [...] Das Hauptwesen einer Landkarte aber, nämlich die Ähnlichkeit mit dem Original (ich meine das Stück des Erdbodens, welches die Karte vorstellen soll, selbsten, nicht aber eine schon verfertigte Karte deßelben, welche man sich etwan blos zu copiren vornimmt) kommt dabey nicht in Betrachtung.« Hier spricht der Wissenschaftler. Er fordert die Schaffung einer korrekten Datenlage als zentrale Voraussetzung einer verlässlichen Kartographie ein. Zugleich wendet er sich damit recht deutlich gegen die bisherige Geschäftspolitik der Kartenverlage, auch seines neuen Arbeitgebers, Vorlagen einfach zu kopieren und nur durch prächtige Titelgestaltungen neu auszustaffieren.

Wie aber ließe es sich besser machen? Mayer gibt die Antwort: »Die Mittel welche eine Landkarte zu verfertigen dienen, sind eigentlich dreyerley. Einige gibt die Geometrie, andere die Astronomie, und wieder andere die Geographie.« Wie unentbehrlich die Geometrie für die Anfertigung von Karten war, hatte Mayer schon bei seinem ersten Werk, dem Stadtplan für Esslingen, erfahren. Hier konnte er nicht auf Vorlagen zurückgreifen, sondern hatte die Daten durch Vermessungen im Gelände selbst zu erheben. Dafür musste er Strecken messen und die Winkel zwischen den Strecken ermitteln. Das war ein äußerst mühseliges und durchaus fehleranfälliges Unterfangen, das ihm erstaunlich gut, wenn auch noch nicht perfekt gelang, zumal er auch nicht auf die Instrumente zurückgreifen konnte, die bei den späteren Landesvermessungen eingesetzt wurden. Bei der Folgearbeit, der Karte *Die Gegend um Esslingen* (1743), machte er es schon besser. Diese Basisarbeit im Gelände mit Vermessungen im großen Maßstab war indes nicht sein Terrain. Nach den frühen Ansätzen kam er nur noch einmal anlässlich der Reise von Nürnberg nach Göttingen zum Antritt seiner Professur darauf zurück. Seine Aufgaben im Verlag waren vielmehr auf Werke im kleinen Maßstab, zumeist Karten von großen geographischen Räumen und Herrschaften wie Belgien und Niederdeutschland, Böhmen, Schlesien, dem Kirchenstaat, Litauen, Großbritannien, Polen, die Schweiz, Österreich oder den Finnischen Meerbusen ausgerichtet. Hier stellte sich die Frage der Geometrie in anderer Form. Bei diesen Aufnahmen bestand das Problem darin, wie man es bewerkstelligte, die Erdkrümmung in der zweidimensionalen Darstellung einer planen Karte korrekt wiederzugeben. Dafür musste ein Kartennetz gebildet werden, das sich zu den Polen hin verjüngte. Das gängige Verfahren hierfür war die sogenannte *stereographische Projektion*. Wie dabei vorzugehen war, hatte Mayer in seinem *Mathematischen Atlas* bereits detailliert beschrieben. Der nächst Schritt bestand darin, die einzelnen Orte entsprechend einzutragen. Wurde auf Vorlagen zurückgegriffen, die nicht auf einem passenden Kartennetz beruhten, musste die Lage der Orte mathematisch umgerechnet, durch weitere Daten wie Entfernungsmessungen aus Reisebeschreibungen interpoliert und so näherungsweise besser erfasst werden. Wirklich korrekt wiedergegeben werden konnte die geographische Lage der Orte und in der Summe die Raumbezüge auf einer Karte nur, wenn sie auf astronomischen Vermessungen beruhten – solange zumindest, wie keine umfassenden Aufnahmen im Gelände vorgenommen wurden. Wenn Mayer die Kartographie tatsächlich perfektionieren wollte, kam er folglich nicht umhin, sich mehr und mehr der Astronomie zuzuwenden. Dadurch wurde die Kartographie auf neue Grundlagen gestellt, zugleich entstanden aber neue Probleme und Herausforderungen. Das freilich ist, wie Mayer wusste, das Grundprinzip der Wissenschaft. Bildeten Geometrie und Astronomie die unabdingbaren Voraussetzungen für stimmige Karten, so gewannen sie ihre Aussagekraft doch erst durch weitere Angaben, die aus der Geographie gewonnen wurden. Sie versammelte die notwendigen Informationen über die naturräumlichen, historischen, siedlungsgeographischen, politischen, wirtschaftlichen, konfessionellen und sonstigen Gegebenheiten, die jeweils behandelt wurden.

Binnen fünf Jahren, von 1746 bis Anfang 1751, verfertigte und verbesserte Mayer für den Verlag Homännische Erben in Nürnberg insgesamt 29 Karten, eine Reihe davon mit mehreren Blättern. Danach betreute er noch vier weitere, die er bereits begonnen hatte. Das allein war bereits eine immense Leistung, wenn man sich vor Augen führt, welchen Aufwand eine einzelne Karte in der von ihm geforderten Qualität und der Fülle der darin verzeichneten Angaben bereitete. Die Leistung wird noch erstaunlicher angesichts des Umstands, dass er sich von 1748 an mehr und mehr mit astronomischen Fragen und Grundproblemen der Kartographie beschäftigte, die 1750 in eine umfangreiche, 550 Seiten starke Buchpublikation mit dem nüchternen Titel *Kosmographische Nachrichten und Sammlungen auf das Jahr 1748* mündeten. Darin war das Panorama entfaltet, das ihn fortan beschäftigen sollte.

8
MAPPA CRITICA

1750 veröffentlicht Mayer, nachdem er innerhalb von drei Jahren bereits 19 Landkarten für den Verlag Homanns Erben angefertigt hatte, eine Karte, die aus seinem Werk deutlich heraussticht. Sie trägt gleich zwei Überschriften, eine lateinische – *MAPPA CRITICA* – und eine französische in gewohnt barocker Ausführlichkeit: *CARTE CRITIQUE DE L'ALLEMAGNE, faite suivant un nouveau Dessein appujé des monumens authentiques du tems ancien et nouveau, avec une comparaison de celui de Mr. de L'Isle et de Homann*. Es war gleichsam eine Meta-Karte und sie hatte etwas im Sinn, was bis dahin noch niemand unternommen hatte, nämlich in einem detaillierten Vergleich darzulegen, welche grundlegenden Probleme die Anfertigung von Karten aufwarf und in welchem Ausmaß die besten verfügbaren Karten daran scheiterten und deshalb ungenau waren.

Mayer war auf das Problem gestoßen, als er 1748 eine Karte von Ostindien fertigte. Dies war insofern ungewöhnlich, als er sich davor und danach auf Europa konzentrierte. Das hatte den Vorteil, dass er dafür einigermaßen verlässliche Daten und Informationen heranziehen konnte. Wie er in der Titelkartusche zur Ostindienkarte erklärte, habe er auch für dieses Blatt auf die jüngst gemachten Beobachtungen zurückgegriffen, insbesondere auf die Seekarten von Jean-Baptiste d'Après de Mannevillette (1707–1780), dessen Pionierarbeit *Le Neptune Oriental ou Routier Général des Côtes des Indes Orientales et de la Chine* drei Jahre zuvor in Paris erschienen war. Beim Vergleich der verschiedenen Karten, die er zur Verfügung hatte, musste er aber feststellen, dass mitten im Indischen Ozean irgendwo zwischen den Malediven und der Nordspitze Sumatras eine Insel namens *Ouro* jeweils an einer anderen Stelle eingetragen war. Die Differenz betrug bis zu zehn Längengrade oder rund 1100 Kilo-

Dreifache Verortung der Insel Ouro auf Mayers Karte von Ostindien, 1748 (Ausschnitt).
Da Mayers Vorlagen widersprüchliche Angaben machten, zeichnete er kurzerhand alle vorgeschlagenen Positionen ein und versah sie mit quellenkritischen Kommentaren

meter. Was tun? Gab es diese Insel überhaupt oder gehörte sie zu den sogenannten Phantominseln, Landformationen im Meer, von denen Seefahrer immer wieder berichteten, die aber nie verlässlich geortet und später nicht mehr aufgefunden wurden? Sollte er einfach die jüngste Karte nehmen oder eine nach dem Maßstab der Qualität, die insgesamt erkennbar war, auswählen? Oder sollte er nach Bauchgefühl entscheiden? Mayer wählte die einzig richtige und solide wissenschaftliche Methode: Da aus seiner Position nicht verlässlich zu entscheiden war, welche Angaben korrekt war, zeichnete er alle drei ein, genügend Platz dafür gab es ja. Dazuhin vermerkte er jeweils die entsprechende Quelle und hielt ausdrücklich fest, dass die angegebene Lage ungewiss sei.

In seiner *Mappa Critica* behandelte er das Problem erneut, versuchte es nun aber zu einer befriedigenden Lösung zu bringen. Sein Testfall war Deutschland und er wählte für seinen Vergleich eine Karte von 1701 des renommierten französischen Kartographen Guillaume de L'Isle (1675–1726), der den Titel *Premier Géographe du Roi* trug, sowie eine Darstellung von Johann Baptist Homann von 1705 aus dem eigenen Verlag. Seine Versuchsanordnung bestand zunächst darin, die beiden Karten übereinander zu legen und den mutmaßlichen Umriss des Reiches miteinander zu vergleichen. Allein schon diese Maßnahme ließ Abweichungen von bis zu einem Längengrad oder 70 Kilometer erkennen. Dasselbe unternahm er hinsichtlich der Lage von 26 Orten innerhalb der Karte sowie von Paris als Referenzpunkt. Auch hier machten sich markante Abweichungen bemerkbar. So lagen Berlin, Dresden, Breslau, Wien oder Triest auf den beiden Karten einen oder mehr als einen Längengrad, Laubach sogar eineinhalb Längengrade, also rund 116 Kilometer, auseinander und selbst die Breitengrade differierten, wenn auch nicht so stark. Nur Paris war auf beiden Karten in den exakt gleichen Koordinaten positioniert, beide Zeichner hatten die Stadt, für welche die besten Messungen vorlagen, offensichtlich als Ausgangspunkt genommen.

Wenn sich die beiden Karten und ihre Details so sehr unterschieden, war klar, dass eine oder auch beide größtenteils falsch lagen oder zumindest recht unpräzise waren. Welches aber waren die stimmigen Koordinaten? Um diese herauszufinden, versammelte Mayer alle verfügbaren astronomischen Messungen von 33 ausgewählten Orten wie Augsburg und Linz, die er mit einem Kreuz besonders markierte, bildete ein Kartennetz und fertigte eine verbesserte Karte, so dass in seiner *Mappa Critica* am Ende

Tobias Mayer: Mappa Critica, 1750
Kritischer Vergleich zweier Deutschlandkarten von Guillaume de L'Isle (1701)
und Johann Baptist Homann (1705) mit Alternativvorschlag von Mayer

drei Karten übereinander vorlagen: eine gelb markierte für die Version von de L'Isle, eine rote für die alte Homannsche Karte und eine grüne für Mayers korrigierte Fassung. Dabei zeigte sich, dass Wien auf der Homann-Karte nach Mayers Auffassung fast 150 Kilometer zu weit östlich, Frankfurt auf der de L'Ilse-Karte hingegen rund 14 Kilometer zu weit westlich und auch etwa zu weit südlich eingezeichnet waren. Die Abweichungen insbesondere der alten Homann-Karte zu den errechneten korrekten Grenzen und Positionen betrugen bis zu zwei Längengrade oder 130 Kilometer.

Welche Konsequenzen die Überprüfung von bestehenden Karten durch eine genaue Vermessung nach sich zog, hatte bereits der französische König Ludwig XIV. schmerzlich festgestellt, als die Geodäten der Académie Royale die Atlantikküste seines Reiches neu vermaßen und mit den Seekarten verglichen. Sie hatten dafür von 1669 an zunächst den Meridian, der durch Paris verlief, trigonometrisch genau bestimmt und von da aus ein kartographisches Netz über das Land gelegt. Als sie dem König 1684 schließlich eine Karte mit den Resultaten ihrer langjährigen Arbeit vorlegten, musste er entsetzt erkennen, dass seine Küste regelrecht *eingelaufen* war. Er bemerkte leicht resigniert, »daß diese Kartierung ihn mehr Land gekostet habe als ein Krieg.«

Mayer hatte bei den 19 Karten, die er seit 1745 für die Homannsche Verlagsanstalt zeichnete, immer schon einen kritischen Blick bewiesen und sich so, wie er es in seinem *Mathematischen Atlas* verfahrenstheoretisch dargelegt hatte, bemüht, alle verfügbaren Daten und Informationen sorgsam zu prüfen und nach reiflicher Abwägung in verbesserte Darstellungen umzusetzen. Das war angesichts der Fülle von Informationen, die auf einer Karte unterzubringen und peinlich genau einzutragen war, ein überaus mühevolles Geschäft und es wundert sehr, wie er überhaupt so viele Karten in so kurzer Zeit verfertigen konnte.

Mit der *Mappa Critica*, die ja keinen unmittelbaren Gebrauchswert hatte, da sie jeden Nutzer nur verwirren konnte, hielt er in seinem rastlosen Tun einmal inne und brachte grundsätzliche Fragen der Kartographie auf den Punkt. Anders gesagt: Er formulierte eine Fundamentalkritik. Dass er für dieses Unterfangen den Begriff der *Kritik* benützte, die Karte als *Mappa Critica* bezeichnete, ist bereits bemerkenswert. Denn so gängig und unausweichlich der Begriff in der Moderne geworden ist, so wenig gebräuchlich und selbstverständlich war er im frühen 18. Jahrhundert. Zwar mag der Grundvorgang der Kritik, nämlich die irgendwie geartete Überprüfung und Beurteilung einer Sache oder eines Sachverhalts, eine menschliche Grundkompetenz und somit eine anthropologische Konstante darstellen, wie eine Kritik aber bewerkstelligt wird, ob und welche Kriterien ihr zugrunde liegen oder ob und welchen Begriff man sich davon macht, ist eine ganz andere Frage. Das Nachdenken über diesen Prozess hob erst gegen Ende des 17. Jahrhundert an und zieht sich mit immer neuen Ausdifferenzierungen bis in die Gegenwart hin.

Im Deutschen erscheint der Ausdruck *Kritik* erstmals im ausgehenden 17. Jahrhundert als Übernahme aus dem Französischen. Dort hatte der protestantische Glaubensflüchtling Pierre Bayle mit seinem 1695 bis 1697 veröffentlichten *Dictionnaire historique et critique* dem Begriff gerade eine neue Dimension verliehen. Das ursprünglich griechische Wort war während des Mittelalters weitgehend in Vergessenheit geraten, es wurde durch die Humanisten wiederentdeckt und zunächst als reine Textkritik verstanden, um Fehler in der Überlieferung antiker Literatur aufzuspüren und diese in ihrer ursprünglichen Gestalt wiederherzustellen. Aus der philologischen Kritik entwickelte sich allmählich eine Literatur- und Kunstkritik, als es darum ging, die alten Texte nicht nur korrekt zu übermitteln, sondern sie auch in ihrer Aussagekraft und Schönheit zu bewerten. Gegenstand der sowohl historisch-kritischen wie philologisch-ästhetischen Betrachtung konnten prinzipiell alle Texte werden, astronomische wie die Ausführungen des Ptolemäus, dessen Weltbild seit Kopernikus zur Disposition stand, genauso wie medizinische eines Galen von Pergamon, dessen Vier-Säfte-Lehre im Verständnis des menschlichen Körpers 1628 von William Harvey durch die Entdeckung des Blutkreislaufes aus den Angeln gehoben wurde. Und auch die Bibel als Text aller Texte blieb vor dem Hintergrund der Konfessionsstreitigkeiten nicht verschont. Suchten die Protestanten durch philologische Raffinesse den Charakter der Heiligen Schrift als Urgrund der christlichen Religion zu unterstreichen, richtete sich die Bibelkritik der katholischen Seite auf die Begründung der Traditionen der Alten Kirche; beide aber mussten bei ihrer Wahrheitssuche das Prinzip kritischer Rationalität im Sinne logischer Konsequenz und empirischer Plausibilität akzeptieren.

Mit Pierre Bayles kritischem *Dictionnaire* erhielt die Kritik schließlich eine allgemeine theoretische Fundierung. Indem er Kritik als diejenige Tätigkeit definierte, die Vernunft und Offenbarung scheide, vollzog er den entscheidenden Schritt in Richtung eines praxisorientierten und empirisch überprüfbaren Kritikbegriffs, der sich auf alle Untersuchungsgegenstände anwenden ließ. Die Kritik wurde »ganz allgemein die Kunst, durch vernünftiges Denken richtige Erkenntnisse und Ergebnisse zu erzielen.« Ihre Grundhaltung ist der Zweifel und ihre Antriebskraft ist der Prozess des ständigen Abwägens von Für und Wider: »Die menschliche Vernunft«, so Bayle, »besteht im eigentlichen darin, Zweifel zu erheben und sich nach rechts und links zu wenden, um einen andauernden Disput zu etablieren.« Kritik und Vernunft werden von da an fast synonym gebraucht. Die Kritik wird zu einer Energie, welche die permanente Ausweitung und Überprüfung von Wissen und Erkenntnis in allen Feldern vorantreibt. Bayles *Dictionnaire* erlebte über zahlreiche Auflagen eine große Verbreitung. Die erste deutsche Übersetzung erschien von 1741 bis 1744 in Leipzig, lag also noch nicht lange zurück, als sich Mayer mit seiner *Mappa Critica* beschäftigte.

Mit der Einführung und Ausdifferenzierung des Begriffes der Kritik wurde der Wissenschaft eine neue erkenntnistheoretische Basis verschafft. Ihr Selbstverständnis trennte sich zusehends von dogmatischen Vorgaben, wie sie insbesondere die Kirchen und Religionsgemeinschaften vertraten. Kopernikus hatte dafür in seiner Widerrede gegen Laktanz und dessen Eintreten für die Scheibengestalt der

Erde als einer der ersten die Richtung gewiesen, als er erklärte, dass auch »anerkannte Kirchenlehrer in naturwissenschaftlichen Dingen gründlich irren können. Insofern werde er sich nichts daraus machen, wenn leere Schwätzer kämen, die sich trotz vollständiger Unkenntnis in mathematischen Dingen ein Urteil über diese anmaßen und eine zu ihren Gunsten übel verdrehte Schrift gegen ihn verwendeten. ›Denn es ist ja bekannt, daß Lactantius, sonst ein berühmter Schriftsteller, aber ein schlechter Mathematiker, geradezu kindisch über die Form der Erde spricht.‹ Aber Mathematik wird für die Mathematiker geschrieben.« Johannes Kepler folgte ihm in dieser Haltung zwei Generationen später in seiner *Astronomia nova* von 1609: »Man dürfe nicht die Bibel kleinmütig für naturwissenschaftliche Dinge mißbrauchen. Während in der Theologie das Gewicht von Autoritäten gelte, so in der Philosophie das der Vernunftgründe. So sei ihm zwar heilig Lactantius, der die Kugelgestalt der Erde leugnete, heilig Augustinus, der dieses zwar zugab, aber die Existenz von Antipoden leugnete; heilig das Offizium seiner Zeit, das die Kleinheit der Erde zugebe, aber dessen Bewegung leugnet. ›Aber heiliger ist mir die Wahrheit, wenn ich, bei aller Ehrfurcht vor den Kirchenherrn, aus der Philosophie beweise, daß die Erde rund, ringsum von Antipoden bewohnt, ganz unbedeutend und klein ist und auch durch die Gestirne hin eilt.‹«

Die Kritik saß. Den Kirchen wurde nicht nur die Kompetenz in der Wissenschaft abgesprochen, ihre eigenen Grundlagen, zuvorderst die Bibel und die kaum mehr zu überblickende Zahl von Heiligenlegenden, wurden selbst der systematischen Befragung unterworfen, eine historisch-kritische Bibelkunde und eine wissenschaftliche Theologie entwickelt und so allmählich eine Trennung von Wissenschaft und Religion, Wissenschaft und Kunst, Wissenschaft und Politik vollzogen. Der Impuls hierzu kam aus den Gelehrtenstuben, also der Wissenschaft, die sich in der Beschreibung von Niklas Luhmann als ein *autopoietisches System* offenbarte, das seinen eigenen – wissenschaftlichen – Prinzipien unterliegt und seine Identität in der Abgrenzung von anderen gesellschaftlichen Systemen findet, die wie die Wirtschaft, die Politik oder die Religion gleichfalls ihren je eigenen Regeln folgen.

Zu den Eigenheiten und Qualitäten der Autopoiesis, der Selbsthervorbringung des wissenschaftlichen Systems, zählt, dass es sich der Selbstkritik unterzieht und sich daher immer wieder selbst korrigiert. Dies ist der Grundimpetus des wissenschaftlichen Denkens auf der Suche nach *wissenschaftlicher,* nach methodisch fundierter Wahrheit. Seinem prinzipiellen *kritischen* Selbstverständnis und seiner grundsätzlichen Offenheit zufolge kann es keine letztendlichen Wahrheiten, sondern nur kausale Zusammenhänge geben, die von ihren jeweiligen Bedingungen oder Axiomen abhängen. Selbst die Newtonschen Gesetze, deren Stimmigkeit im physikalischen System unbestritten bleibt, verlieren ihre Gültigkeit, sobald die Betrachtung in den subatomaren Raum erweitert wird.

Mayers Ansatz der *Mappa Critica* stellte also einen Meilenstein in der wissenschaftlichen Fundierung der Kartographie dar. Lag er aber selbst mit seinem Alternativentwurf richtig? Gelang es ihm mit seiner kritischen Methode eine bessere und weitgehend präzise Bestimmung der zentralen Orte in Deutschland vorzunehmen und sie auf seiner Karte entsprechend zu positionieren? Dass dem so sei, darüber bestand wie auch schon bei seinem Stadtplan von Esslingen Konsens. Gewissheit darüber war jedoch erst zu gewinnen, wenn man Mayers Karte hinsichtlich ihrer Genauigkeit mit modernsten Methoden überprüft. Der Geodät und Spezialist für alte Karten Peter Mesenburg hat dies mit Hilfe des Softwareprogramms MapAnalyst getan. Dabei zeigte sich, dass bei insgesamt 81 untersuchten Städtepositionierungen auf der Mayer-Karte bei einem Maßstab von 1:2,633 Mio. eine Standardpunktabweichung, d.h. eine durchschnittliche Fehlergröße in der Verortung der einzelnen Städte, von 10,2 Kilometer zu ihrer tatsächlichen Lage vorlag. In der Darstellung auf der Karte macht das eine Divergenz von vier Millimetern aus. Dies bedeutet in der Gesamtbewertung, »dass Mayer eine – für seine Zeit – sehr genaue Karte geschaffen hat.« Und auch seine Kritik an den beiden Vorgängerkarten war berechtigt, denn bei de L'Isle war die Abweichung von der korrekten Positionierung doppelt und bei Homanns Karte gar dreimal so groß. Am exaktesten waren die Werte bei den Städten, die von Mayer auf der Basis von astronomischen Vermessungen eingetragen wurden. Genau das war der Sinn der ganzen Unternehmung gewesen – zu zeigen, dass präzise Karten der astronomischen Vermessung bedürfen. Dies geschah, wie aus den Angaben in der Kartusche zu entnehmen ist, in diesem Fall nur im Hinblick auf den Breitengrad. Wollte man also weitere Verbesserungen erreichen, mussten nicht nur die astronomischen Vermessungen präzisiert, sondern auch der jeweilige Längengrad bestimmt werden. Das aber war eines der großen Probleme der Epoche, um das sich Mayer noch zu kümmern hatte.

9
ASTRONOMIE UND ASTROLOGIE

Die Astronomie war die Leitwissenschaft in der frühen Phase des Aufbruchs in die moderne Wissenschaft. Ihr Ausgreifen in den Weltraum war intellektuell wie politisch äußerst kühn. Intellektuell kühn, weil Überlegungen angestellt wurden, welche die bisherigen Vorstellungen vom Kosmos revolutionierten und auch die technischen Mittel, die für die Beweisführung zur Verfügung standen, äußerst begrenzt waren. Und politisch kühn, weil die Thesen, die dabei vertreten wurden, vielfach nicht nur gegen die herrschende Meinung, sondern auch gegen die herrschenden Mächte, insbesondere die Kirche, deren religiöses Fundament und das daraus abgeleitete politische Narrativ verstießen.

Die Konfliktlinien, die sich zwischen Wissenschaft und Kirche, zwischen Kirche und Politik, zwischen den Konfessionen und nicht zuletzt zwischen Wissenschaftsvernunft und Alltagsverstand auftaten, waren vielfältig. Sie berührten elementare Aspekte des Lebens und beschäftigen die Welt letztlich bis heute. Das begann mit der Frage nach dem Ursprung der Welt, die in allen Kulturen bis zur Moderne mythologisch beantwortet wurde, setzte sich in der strittigen Beschäftigung mit dem Sternenhimmel und dem Problem der Stellung der Erde im Kosmos fort und fand besondere Nahrung in der Interpretation von außergewöhnlichen Himmelserscheinungen wie etwa der Kometen.

Wie komplex und zugleich kurios die Problemlage war, offenbart der Kalenderstreit, der sich 1582 zwischen Katholiken und Protestanten entzündete, als Papst Gregor XIII. eine Kalenderreform vollzog um die Zeitordnung im Sinne der astronomischen Gegebenheiten zu korrigieren und so auf den Julianischen Kalender den Gregorianischen Kalender folgen ließ. Seit der letzten Reform, die auf Julius Caesar zurückging, hatte sich eine Divergenz von vollen zehn Tagen zwischen dem Sonnenlauf und der Kalenderrechnung ergeben, weil ein astronomisches Jahr nicht, wie im alten Kalender angenommen, 365 Tage und 6 Stunden, sondern nur 365 Tage, 5 Stunden, 48 Minuten und 46 Sekunden dauert. Der Papst ließ daher folgerichtig den Kalender anpassen und, um gleichsam die verlorene Zeit wieder einzuholen, auf den 4. Oktober unmittelbar den 15. Oktober 1582 folgen. Außerdem sollten, um zukünftig nicht wieder ins Hintertreffen zu gelangen, nur noch *die* Säkularjahre, die sich durch 400 teilen lassen, als Schaltjahre mit einem zusätzlichen 29. Februar gelten. Das Jahr 1600 blieb so als Schaltjahr erhalten, die Jahre 1700, 1800 und 1900 aber nicht. Erst zur Jahrtausendwende sollte es wieder eines geben. Die Intervention war wissenschaftlich korrekt, stieß aber auf erheblichen politischen Widerstand. Während die katholischen Länder und Herrschaften die Reform übernahmen, wurde sie von den Protestanten als ein *Bubenstück* des Papstes abgelehnt. Sie wollten sich vom konfessionellen Gegner nicht vorschreiben lassen, wie sie ihren Zeitplan zu organisieren hatten, sie blieben beim alten Kalender. Dagegen half auch nicht, dass selbst die bedeutendsten protestantischen Astronomen wie Tycho Brahe und Johannes Kepler für die neue Zeitrechnung eintraten. Allein der Umstand, dass die Reform vom Papst ausgegangen war und seinen Namen trug, verhinderte die Akzeptanz auf lange Zeit. In den protestantischen Ländern des Reiches dauerte es bis 1700, also über ein Jahrhundert, bis sie ein Einsehen hatten und zum neuen Kalender wechselten, in Russland gar bis 1918, weshalb die Oktoberrevolution 1917 eigentlich im November stattfand, und in China gar bis 1949. Die konfessionelle Spaltung der Zeit hatte erhebliche Auswirkungen bis in den Alltag hinein, etwa bei der Datierung von Briefen, die zwischen evangelischen und katholischen Regionen wechselten. Um den Adressaten eine richtige Einordnung zu ermöglichen, mussten immer zwei Daten angegeben werden. Da Hannover die Anpassung im Jahr 1700, England aber erst 1752 vornahm, galt dies auch für den Briefwechsel zwischen dem Königreich und dem Kurfürstentum. Verwirrung entstand besonders für die Bauern im ländlichen Arbeitskalender. Sie waren gewohnt, etwa für die Aussaat feste Daten einzuhalten – man denke nur an die sogenannten Eisheiligen – und wussten nun nicht mehr, was gelten sollte. Besonders kompliziert wurde es bei der Terminierung des Osterfestes, da es nicht allein nach dem Sonnenjahr, sondern zusätzlich nach dem Mondkalender berechnet wurde. Dies konnte wie 1614 dazu führen, dass in katholischen Landen bereits die Fastenzeit begonnen hatte, während in evangelischen Territorien noch Fastnacht gefeiert wurde. Besonders dramatisch waren die Auseinandersetzungen in Augsburg, also in der Stadt, in der Tobias Mayer Anschluss an die Gelehrtenwelt fand. In der gemischt konfessionellen Stadt hatte der katholisch dominierte Rat allerdings mit Zustimmung einiger Protestanten beschlossen, den neuen Kalender einzuführen. Dagegen regte sich massiver Protest des Superintendenten und großer Teile der protestantischen Bevölkerung. Er gipfelte 1584 in einem regelrechten Aufstand, bei dem auch Blut floss, nachdem der Superintendent im Streit um die neue Terminierung des Himmelfahrtstages aus der Stadt gewiesen wurde. Durch Vermittlung einer kaiserlichen Kommission und benachbarter Reichsstände wurde der Konflikt, der grundsätzliche Macht- und Konfessionsstreitigkeiten offenbarte, zwar beigelegt. Es blieb bei der neuen Zeitrechnung, die Spannung wirkte aber noch einige Zeit nach.

Für die Frage, wie wissenschaftlichen Evidenz erreicht wird, ist es interessant zu sehen, mit welchen Argumenten gegen die angepasste Kalenderrechnung gestritten wurde. Um zu unterstreichen, dass man wider den Rat der Astronomen gute Gründe für die Ablehnung habe, führten die Widerständler allerhand Himmelserscheinungen und Wetterkapriolen an. Sie wurden als Beweis dafür genommen, dass die Änderung gegen die göttliche Weltordnung verstieße. So sei justament am 10. Oktober 1582, einem der übersprungenen Tage, in Wien ein großer doppelköpfiger Adler, Wappen des kaiserlichen Hauses, herabgefallen und auf der Jesuitenkirche ein eisernes Kreuz herabgestürzt. Anderswo hätte es große Überschwemmungen gegeben und im sächsischen Ichtershausen habe sich der Fischbach »in lauter Blut verkehrt.« In Augsburg war es ein großes Unwetter, dass am Weihnachtstag 1584 über die Stadt hereinbrach. Dies sei, wie der örtliche Chronist Georg Kölderer schrieb, ein »gezeugknus grossen trauerns, dz der langg gewonte cristtag also verkertt würdt vom kindt des verderbens zu Rom.« Selbst die Zugvögel, so die Kritiker, gerieten ob der Reform in große Verwirrung und wüssten nicht mehr, wann es Zeit sei, in den Süden aufzubrechen.

All diesen Begründungen liegt die Annahme zugrunde, dass der Himmel ein unendliches Arsenal von Zeichen bereithalte, die den Menschen Wohl und Wehe, göttliches Einverständnis oder teuflische Strafen ankündigten. In dem je unterschiedlichen Verständnis dessen, was der Himmel und alle seine Elemente – Sonne, Mond und Sterne – bedeuteten, schieden sich Astrologie und Astronomie von Grund auf. Beide hatten den Stand der Sterne und ihre Bewegungen zum Gegenstand. Während jedoch die Astrologie, aus den *Konstellationen* eine Lehre abzuleiten bemüht war, ihnen also eine Bedeutung zuschrieb, die Einfluss auf das menschliche Geschick in ganz unterschiedlicher, durchaus höchst individueller Form haben konnte, ja sogar als Reaktion auf menschliches Fehlverhalten gedeutet wurde, ging es der Astronomie einzig und allein darum, die Gesetze der interstellaren Bewegungen zu erkunden.

Am signifikantesten kamen die unterschiedlichen Herangehensweisen und Interpretationen bei den Kometen zum Tragen. Ihr Erscheinen war nicht alltäglich und erforderte schon deswegen

besondere Erklärungen. Nachvollziehen lassen sich die widerstreitenden Interpretationsansätze am Beispiel des Ulmer Kometenstreits von 1618. In diesem Jahr waren über Deutschland gleich drei Kometen zu sehen, von denen einer besonders hell leuchtete. Im *Theatrum Europaeum*, dem von Matthias Merian begründeten chronikalischen Geschichtswerk, war darüber zu lesen: »ist ein schröcklicher Comet-Stern mit einem sehr langen brennenden Schwanz am Himmel erschienen / und fast in ganz Europa mit sonderlichem Schrecken gesehen worden […] So hat nun diese schöckliche Fackel der Allmächtige Gott für einen Bußprediger an die hohe Canzel des Himmels gestellet / damit die Menschen sehen möchten / wie er sie wegen der Sünd zu straffen / und seine Zorn-Ruthen über sie ergehen zu lassen beschlossen […] Es haben die Alten von den Cometen gesagt: Daß nie keiner erschienen / der nicht groß Unglück mit sich gebracht habe […] Das ist: Krieg, Auffruhr, Blutvergiessen viel,
Dir ein Comet verkünden will
Unter den Leuten grosse Noth
Auch grosser Herrn und König Todt.«

Beigegeben war dem Bericht eine eindrucksvolle Darstellung des Kometen über der Stadt Heidelberg. So unzweifelhaft die Bedeutung dieser Himmelserscheinung für die meisten Zeitgenossen gewesen sein mag, entzündete sich über deren Interpretation in Ulm ein heftiger, in mehreren Streitschriften ausgetragener Disput zwischen dem renommierten Mathematiker Johannes Faulhaber und dem Rektor des Ulmer Gymnasiums Johann Baptist Hebenstreit sowie ihren jeweiligen Parteigängern. Der Streit ging um die Frage, ob die Kometen, die gerade erschienen waren als »wunderbare Zeichen« anzusehen waren, wie dies immer gegolten hat, oder ob es lediglich natürliche Erscheinungen seien, die keinerlei Einfluss auf die Lage der Menschen, auf Krieg, Unwetter, Leid und Not hätten. Die Pointe

Komet von 1618 über Heidelberg
Darstellung von Matthäus Merian in Johann Philipp Abelinus' Theatrum Europeaum, Ausgabe 1662

in diesem Streit bestand darin, dass der Mathematiker Faulhaber, zugleich Mitglied des Geheimbundes der Rosenkreuzer und Verfechter der Kabbala, sich für das göttliche Einwirken, der Rektor des Gymnasiums hingegen, in astronomischen Fragen weitaus weniger beschlagen, für die natürliche Begründung aussprach. Zur Klärung der Kontroverse wurde am 18. Oktober 1619 ein Kolloquium angesetzt, an dem auch der junge René Descartes, der in diesen Wochen in Ulm weilte, teilnahm. Die Auseinandersetzung endete überraschend versöhnlich, indem die Kontrahenten sich gegenseitig das Versprechen gaben, »sich künftig als christliche Brüder zu achten.«

Die Divergenz zwischen den verschiedenen Positionen zog sich indes noch lange hin. Als 1680 in Rottweil erneut ein großer, bedrohlicher Komet am Himmel gesichtet wurde, verbot der Magistrat auf Anraten des Pfarrers, der darin eine Folge lasterhafter Vergnügungen sah, sogleich, »alle Saitenspihl, mascaraden, mummereyen, üppigkeiten und gugelfuohr, springen und dantzen, jolen und schreyen uff der gassen bei tag und nacht.« Man hätte solche Maßnahmen als Folgen eines irrlichternden volkstümlichen Aberglaubens abtun können. Dahinter artikulierte sich aber ein grundsätzliches, nämlich religiös überformtes Verständnis der Welt und ihrer Wirkungsweisen, die zunehmend in Widerstreit zu den Erkenntnissen der Wissenschaft geriet, welche freilich enormes Konfliktpotenzial mit kirchlichen Positionen bargen. Dies konnte einen Aufklärer wie Pierre Bayle, der die Kritik zum grundlegenden Vehikel der Erkenntnis erklärt hatte, nicht scheuen. Bayle veröffentlichte 1682 einen *Brief über den Kometen von 1680*, den er in den Folgejahren mit weiteren Überlegungen anreicherte. Der Komet dürfte der Gleiche gewesen sein, der schon die Rottweiler in Aufregung versetzt hatte. Auf hunderten von Seiten und angesichts der Komplexität der Irrungen und Wirrungen, die mit der Fragestellung zusammenhingen, in 263 Abschnitte unterteilt, die sich jeweils einem Teilaspekt widmeten, bemühte sich Bayle, darzulegen, warum die gängige Annahme irrig sei, dass Gott »uns diese großen Luftzeichen [zeigte], um den Sündern Raum zu geben, dasjenige Unglück abzuwenden, was über ihrem Haupt schwebte.« Wenn dies der Fall wäre, so Bayle in seiner aktualisierten Stellungnahme, dann hätte auch während des Krieges, »welcher im Okzident vom Jahre 1688 bis ins Jahr 1697 gewährt hat« und welcher »einer der heftigsten und kläglichsten gewesen [sei], die man jeweils gesehen«, ein Komet erscheinen müssen. Dies sei jedoch nicht der Fall gewesen, »vielmehr hat man im Monat September 1698 einen Kometen gesehen, als Europa schon vom Krieg befreit und im Begriff war, den Frieden zwischen den Türken und Christen wiederhergestellt zu sehen. Da haben wir also einen Kometen, der sich in derjenigen Zeit gezeigt hat, in der zwei

Friedensschlüsse gemacht wurden, welche in allen Ecken von Europa die allgemeine Ruhe herstellten und den Zustand aller Sachen auf einen viel besseren Fuß setzten, einen Kometen, sage ich, der die glücklichen Zeiten wiederbrachte.« Bayle begnügte sich freilich nicht mit diesem schlagenden Argument, sondern legte Stück um Stück dar, warum die Kometen auf der Erde nichts bewirken würden und warum sie auch nicht als Zeichen gedeutet werden könnten. Auf das Zusammentreffen von Kometenerscheinungen und außergewöhnlichen Naturphänomenen eingehend, verdeutlichte er den Lesern nicht zuletzt den Unterschied zwischen Korrelation und Kausalität: »Es ist ein elender Schluß, wenn man folgert, zwei Dinge würden voneinander verursacht, weil sie beständig aufeinander folgen.« Am Ende hielt er den Stand der astronomischen Erkenntnisse referierend fest, »daß Kometen das nicht sind, was man sich von ihnen einbildet«, sondern Körper, »die ebenso alt sind, wie die Welt ist, die vermöge der Gesetze der Bewegung, nach welchen Gott die ungeheure Maschine der Welt regiert, bestimmt sind, von Zeit zu Zeit unserem Gesicht nahe zu kommen [...] Übrigens ist ihr Übergang in unsere Welt von keiner Folge, weder im guten noch bösen, nicht mehr, als wenn ein Indianer eine Reise nach Europa tut.« Bayle zeigt in diesen Darlegungen auf, wie wissenschaftliche Argumentation in historisch-kritischer Manier funktionierte und wie es gelingen konnte, zwischen persönlichem Glauben und wissenschaftlicher Rationalität zu unterscheiden.

Auch wenn die Grenzen zwischen Astronomie und Astrologie, zwischen Wissenschaft und (Aber)Glauben immer strikter gefasst wurden, blieben sie doch noch lange Zeit vage. Das galt sowohl für die Kirchen, die katholische und die protestantische gleichermaßen, was am Ulmer Kometenstreit, der sich im evangelischen Kontext abspielte, zu erkennen ist, wie für die Politik. Und es galt für die Wissenschaft selbst. Für die Politik musste es nach der Katastrophe des Dreißigjährigen Krieges vorrangiges Ziel sein, die Konfessionskämpfe, die bürgerkriegsähnlichen Charakter aufwiesen, zu überwinden. Dies geschah nicht zuletzt dadurch, dass Glaubensfragen, die lange Zeit das politische Geschehen bestimmt hatten, zunehmend in den Bereich des privaten Gewissens verschoben und herrschaftsstrategisch durch das Prinzip der Staatsräson ersetzt wurden. Dies machte in der Folge auch Konfessionswechsel innerhalb der Dynastie eines Landes, wie sie in Württemberg zur Zeit Mayers mit dem Regierungsantritt des katholischen Herzogs Carl Alexander 1734 erfolgte, möglich. Allzu freizügige Denkungsarten wurden von den Landesherrschaften, die zugleich auch die Oberaufsicht über die Universitäten ausübten, gleichwohl nicht toleriert. Mayers wissenschaftliches Idol Christian Wolff, seit 1706 Professor für Mathematik und Philosophie an der Universität Halle und als Mitglied der Royal Society sowie der Berliner Akademie der Wissenschaften international renommiert, bekam dies am eigenen Leib nachhaltig zu spüren. Er hatte 1721 in einer *Rede über die praktische Philosophie der Chinesen* erklärt, dass angesichts der konfuzianischen Ethik eine Hochkultur auch jenseits des christlichen Glaubens möglich sei, worauf er von seinen pietistischen Gegnern des Atheismus beschuldigt wurde und in der Folge aufgrund eines Befehls des preußischen Königs Friedrich Wilhelm I. sein Amt aufgeben und die Stadt binnen 48 Stunden verlassen musste. Er durfte erst 1740 wieder zurückkehren, nachdem mit Friedrich II. ein aufgeklärter Monarch den Thron bestiegen hatte. Zwischenzeitlich hatte er eine Professur in Marburg bekleidet und einen Ruf nach Göttingen erhalten. Den lehnte er jedoch ab, so dass es Mayer versagt blieb, sein Universitätskollege zu werden.

Doch auch innerhalb der Wissenschaft und bei den Hauptakteuren selbst gab es diffuse, ungeklärte Positionen, die sich mit den aktuellen Erkenntnissen nur schlecht oder gar nicht vertrugen. In

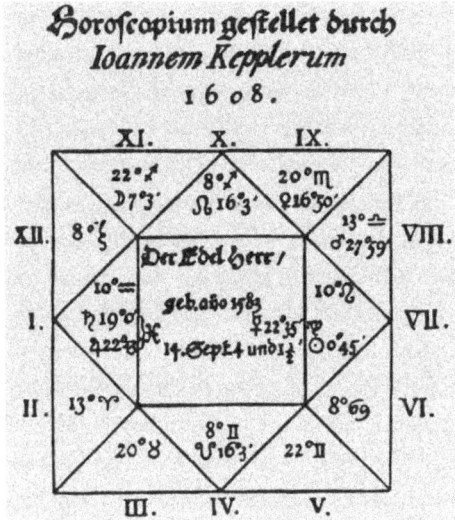

Horoskop von 1608
erstellt von Johannes Kepler für den kaiserlichen Feldherrn Albrecht von Wallenstein

der Medizin waren magische, sogenannte sympathetische Praktiken gang und gäbe, die Chemie war noch stark in der Alchemie verwurzelt, was sich insbesondere im Bemühen der *Goldmacherei* artikulierte und 1701 in Sachsen immerhin zur Erfindung des Porzellans im europäischen Raum führte. Selbst Johannes Kepler, der entscheidende Beiträge zum Verständnis der astronomischen Zusammenhänge, insbesondere zum Verlauf der Planetenbahnen lieferte, war in seinem Denken keineswegs stets von nüchterner Rationalität geprägt. So scheute er sich nicht, für den kaiserlichen Feldherrn Albrecht von Wallenstein, der sich bei seinen Entscheidungen gerne von den Sternen leiten ließ, 1608 ein persönliches Horoskop zu erstellen. Darin riet er dem späteren Generalissimus zwar, nicht allein auf die Sterne zu vertrauen, charakterisierte ihn zugleich aber sehr detailliert und sagte ihm für das 33. Lebensjahr eine stattliche Heirat mit einer vermögenden, wenn auch nicht allzu schönen Frau voraus. Wallenstein war über das Ergebnis hoch erfreut und ließ sich 1625 ein zweites Horoskop erstellen. Was Kepler wissenschaftlich weitaus stärker leitete als astrologische Nebenaktivitäten war der zutiefst religiös motivierte Gedanke, die vorausgesetzte göttliche *Harmonie des Universums* mathematisch zu beschreiben. Leibniz folgte ihm in diesem Bemühen drei Generationen später mit einer eleganten Wendung. Er löst die Spannung zwischen göttlicher Allgewalt und menschlichem Streben nach Erkenntnis, die ihren höchsten Ausdruck daran fand, die Welt in mathematischen Formeln aufgehen zu lassen, dadurch, dass er Gott als ersten und höchsten Mathematiker benennt. Gott habe die Welt, wie es in der Bibel stünde, nach Maß, Zahl und Gewicht erschaffen. Seine Schöpfungstheorie erschien folgerichtig in Form einer mathematischen Handlung: »Indem Gott rechnet und den Gedanken ausführt, entsteht die Welt.« Für die Menschen erwächst daraus die Aufgabe, die mathematischen Gesetze Gottes zu entschlüsseln und in eine stimmige Ordnung zu bringen. Albert Einstein wird diese Überlegung auf seiner Suche nach der Weltformel 350 Jahre später aufgreifen und bekräftigend feststellen: »Gott würfelt nicht.«

Für Tobias Mayer stellte sich das Spannungsfeld von Astronomie und Astrologie, gesichertem Wissen und ausgreifender naturphilosophischer Spekulation als eine Sachlage dar, die sich im Übergang befand. Die harten Auseinandersetzungen um das heliozentrische Weltbild, die Giordano Bruno auf den Scheiterhaufen und Galileo Galilei in die Verbannung gebracht hatten, waren erledigt, auch wenn sich die katholische Kirche erst 1992 dazu durchringen konnte, Galilei zu rehabilitieren. Immerhin hatte sie bereits 1741 eine Gesamtausgabe der Schriften Galileis gestattet. Auch der Kalenderstreit war mittlerweile beigelegt. Indes: Die Impulse der kritischen Denkungsart, in Frankreich und England bis 1700 lanciert, wurden in Deutschland, das noch stark mit den Folgen des Dreißigjährigen Krieges beschäftigt war, erst mit einiger Verzögerung rezipiert.

Bayles *Gedanken über einen Kometen* und sein kritisches *Dictionnaire*, beide vor der Jahrhundertwende veröffentlicht, erschienen in Deutschland erst von 1741 an. Noch stand die Reflexion über die Wege und Grenzen der menschlichen Erkenntnisfähigkeit, wie sie Immanuel Kant ab 1781 mit seiner *Kritik der reinen Vernunft* unhintergehbar prägen sollte, vor dem Durchbruch. Kant war nur ein Jahr jünger als Mayer, erhielt aber erst 15 Jahre nach diesem eine Professur angeboten, die er auch noch ablehnte, da sie der Dichtkunst und nicht, wie er es anstrebte, der Philosophie gewidmet war. Mitte des Jahrhunderts beschäftigte sich der Königsberger Philosoph noch mit allem möglichen, nur nicht mit einer Grundlegung der Erkenntnistheorie. Seine Veröffentlichungen trugen Titel wie »Gedanken von der wahren Schätzung der lebendigen Kräfte« (1746) und behandelten Fragen »Über das Feuer« (1755) oder »Über die physische Monadologie« (1756). Die Wissenschaften und mit ihnen Kant wie auch die kritischen Enzyklopädisten waren erst im Aufbruch begriffen und das Feld der ungeklärten Fragen war weit. In der Formierung des wissenschaftlichen Weltbildes hatte sich indes schon einiges getan. Insbesondere die moderne Astronomie und Newtons physikalischen Gesetze hatten die Vorstellung eines permanenten göttlichen Eingreifens in den Weltenlauf abgelöst durch die Erkenntnis autonom wirkender Naturgesetze.

10
DIE VERMESSUNG DES HIMMELS

Der zentrale Weg zur Verbesserung der Kartographie führte über die Astronomie. Sie sollte helfen, die genaue geographische Position ausgewählter Orte im Netz der Meridiane und Breitengrade festzustellen. Die Idee, die Weltkugel durch eine systematische Unterteilung in der Vertikalen und in der Horizontalen zu strukturieren, war schon in der Antike aufgekommen. Der Astronom und Kartograph Claudius Ptolemäus hat das zwischen Ost und West, Nord und Süd verlaufende Gitternetz bereits um 150 n. Chr. in seine Entwürfe für eine Weltkarte aufgenommen. Seit ihrer Wiederentdeckung im Späatmittelalter und ihrer druckgraphischen Umsetzung etwa durch Gerhard Mercator von 1578 an waren sie in der Kartographie nicht mehr wegzudenken, sie bildeten ihr unverzichtbares Grundgerüst (Abb. S. 116). Sogar der Umfang des Globus war, wie gesehen, von Eratosthenes im dritten Jahrhundert v.d.Z. recht genau geschätzt worden. Gleichwohl war es eine große Herausforderung, die Lage einzelner Orte in diesem Netzwerk von jeweils 360 Grad korrekt zu bestimmen. Dafür brauchte es zunächst Grundlinien – Null-Breitengrade und Null-Meridiane –, von denen aus weitergerechnet werden konnte. Für die Bestimmung des jeweiligen Breitengrades war dies schon bei Ptolemäus der Äquator. Er konnte aus der Natur abgeleitet werden. Seine Position wurde als Linie rund um den Globus senkrecht zur Erdachse genau in der Mitte zwischen den Polen definiert. Sein konkreter Verlauf konnte vor den systematischen und höchst aufwendigen Landvermessungen nur durch astronomische Beobachtungen, nämlich den Stand von Sonne, Mond und Sternen zu bestimmten Zeiten, festgestellt werden.

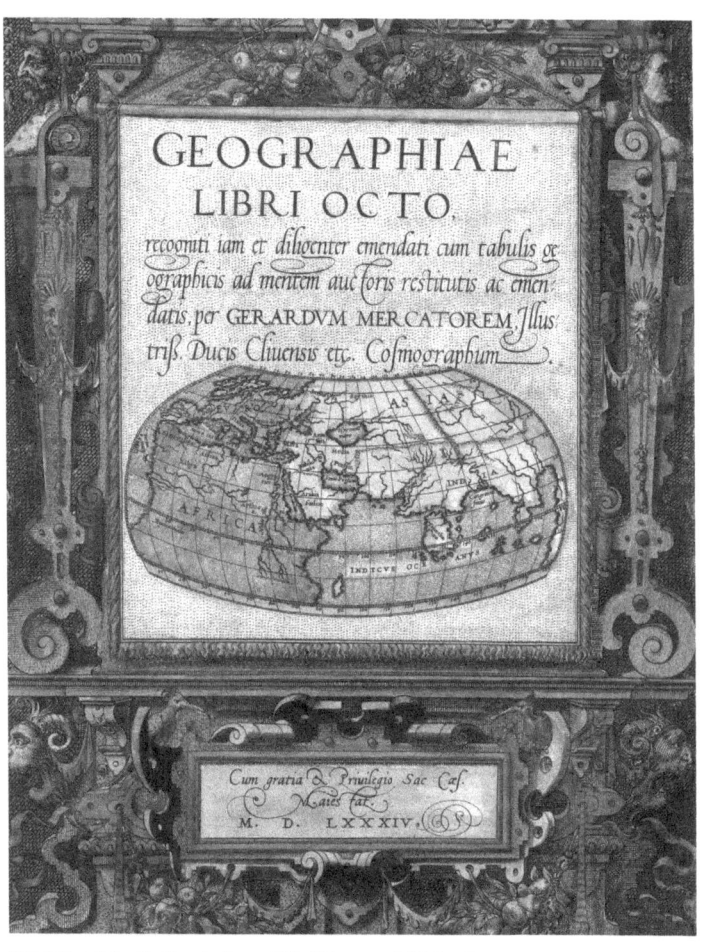

Darstellung der Breitengrade und Meridiane nach Ptolemäus
in der zweiten Ausgabe des Weltatlasses von Gerhard Mercator,
Köln 1584 (Ausschnitt des Frontispizes)

Während der Breitengrad mit dem Äquator einen festen Ausgangspunkt hat, ist dies bei den Meridianen, den Linien, die vom Äquator zu den Polen verlaufen und die zur Bestimmung der Lägengrade benötigt wurden, nicht der Fall. Hier konnten für den Null-Meridian willkürliche Festlegungen vorgenommen werden, was von den Kartographen auch weidlich genutzt wurde. Je nach eigenem Standort oder Auftraggeber konnte der Nullmeridian auf der einen Karte durch Rom und auf einer anderen durch St. Petersburg oder Jerusalem verlaufen. Für französische Karten wurde 1718 Paris als Nullmeridian festgelegt, Seekarten hingegen nutzten angesichts der Vorherrschaft Englands auf den Weltmeeren häufig den Meridian der Sternwarte von Greenwich. Der Homann Verlag und mit ihm Tobias Mayer und viele andere Kartenhersteller in Europa orientierten sich hingegen am Meridian von Ferro, der heute El Hierro genannten kanarischen Insel. Sie verkörperte für die Kartographen den am weitesten westlich gelegenen Ort Europas und signalisierte so einen vermeintlich natürlichen Nullpunkt. Der Ferro-Meridian war auch deshalb nicht ungeschickt, weil Paris dabei auf einen geraden, nämlich den 20. Grad östlicher Länge fiel. An diese Vorgabe hielt sich Mayer auch bei seiner *Mappa Critica*.

Die Erkenntnis, wie unabdingbar es für die Kartographie ist, astronomische Messungen zur richtigen Bestimmung der Geodaten vorzunehmen, ist das eine, sie aber tatsächlich verlässlich durchzuführen, das andere. Mayer bietet sich die Gelegenheit zu klären, was dabei zu beachten ist, mit seinem Wechsel nach Nürnberg. Hier bestand bereits eine lange Tradition in praktischer Astronomie, hier hatte der Astronom Johannes Müller (1436–1476), der unter dem Namen *Regiomontanus* bekannt wurde, schon Ende des 15. Jahrhunderts eine Sternwarte errichtet und als Übersetzer von Werken des Ptolemäus bleibenden Ruhm errungen. Mayer stand für seine eigenen Beobachtungen im Verlagshaus ein Teleskop und

Quadrant des Abbé Jean Picard mit eingebautem Teleskop von 1669
Würdigung durch die Académie Royal in den Memoires von 1729

ein Fernrohrquadrant zur Verfügung. Wenn diese für seine Belange nicht hinreichten, konnte er die Nürnberger Sternwarte nutzen, die 1691 auf einer Bastei der Burg von Georg Christoph Eimmart (16638–1705) errichtet worden war.

Die wichtigsten Instrumente für die Beobachtung der Bewegungen am Himmel waren Teleskop und Quadrant. Der Quadrant diente der Positionsbestimmung von Gestirnen durch die Messung ihrer jeweiligen Höhe über dem Horizont. Je größer das Instrument war, desto präziser ließen sich die Winkel messen. Der dänische Astronom Tycho Brahe (1546–1601) ließ für seine Sternwarte daher einen sogenannten Mauerquadranten als fest installiertes Instrument mit einem Viertelkreis von zwei Metern bauen und erzielte damit erstaunlich präzise Ergebnisse. Er musste seine Beobachtungen aber noch mit bloßem Auge anstellen, da Teleskope erst nach seinem Tod von 1608 an zur Verfügung standen. Galileo Galilei war einer der ersten, der das Teleskop bei seinen Mondstudien einsetzte und in seiner 1610 erschienenen Schrift *Sidereus Nuncius* auch Zeichnungen davon veröffentlichte. Der nächste Schritt zur Verbesserung der

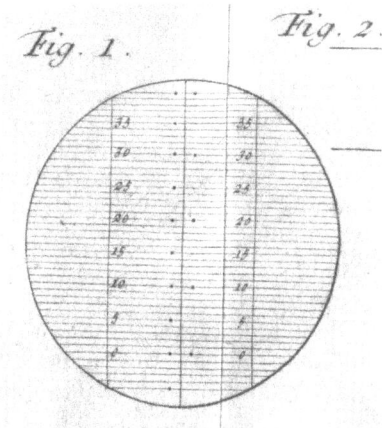

Mikrometer von Tobias Mayer
zur Präzisierung der astronomischen Beobachtungen

Beobachtungen musste die Kombination beider Instrumente sein, die der französische Astronom und Geodät Abbé Picard 1669 vollzog. Sein Quadrant wurde von der Académie Royale des Sciences für so bedeutend erachtet, dass sie ihm in ihren *Memoires* ein halbes Jahrhundert später in der Figur eines griechischen Philosophen ein Denkmal setzte (Abb. Seite 118).

Nach Mayers Auffassung und in seinem Streben nach perfekten Messungen, wiesen die verfügbaren Geräte jedoch ein Defizit auf. Ihnen fehlte im Fernrohr eine Messskala, die es erlaubte, Bewegungen im Augenblick der Wahrnehmung genau zu registrieren. Daher entwickelte er kurzerhand die Idee eines *Mikrometers*. Dabei handelte es sich um ein dünnes, hellpoliertes Glasblättchen, auf das er, exakt abgemessen, feine Linien aufbrachte. Da das Glas, wenn man es mit einem Diamanten oder Feuerstein ritzte, zu brechen drohte, suchte er nach einem alternativen Verfahren. Nach vielerlei Versuchen fand er schließlich die Lösung. Er bestrich das Blättchen mit indianischer Tusche, ließ sie an der Sonne trocknen und kratzte dann mit einer Feder die schwarzen Flächen zwischen den Linien mühevoll wieder ab, »bis das Glas nach der ganzen Breite der Feder wieder helle« war und ein Linienmuster zurückblieb, dessen Abstände ziemlich exakt den Bogenminuten als 60. Teil eines Grades entsprachen. »Um nun beispielsweise den Durchmesser der Mondscheibe zu bestimmen, wird das Teleskop so positioniert, dass die Unterkante des Mondes auf der ersten Linie des Mikrometers zu liegen kommt, dann muss die Anzahl der überdeckten Linien gezählt werden.« Mayer beanspruchte, durch diese Methode eine Messgenauigkeit mit einer Fehlertoleranz von maximal zwei Bogensekunden zu erreichen.

Der Bericht von der Erfindung des Mikrometers ist Mayers erster Beitrag in dem Buch *Kosmographische Nachrichten und Sammlungen auf das Jahr 1748*, das von der *Kosmographischen Gesellschaft* in Nürnberg 1750 als ihre erste und auch einzige Publikation herausgegeben wurde. Mayers Verlagschef Johann Michael Franz hatte diese Gesellschaft initiiert, um der Kartographie eine wissenschaftliche Grundlage zu verschaffen und gewiss auch, um das Renommee seines eigenen Hauses zu erhöhen, was ihm bestens gelang. Wichtigste Mitstreiter auch bei diesem Bemühen waren seine beiden leitenden Angestellten Tobias Mayer und Georg Moritz Lowitz. Mayer steuert zu diesem zweibändigen Werk fünf Aufsätze bei. Sie machten ihn überregional bekannt und waren letztlich die Basis für seine Berufung nach Göttingen.

Im Zentrum seiner Arbeiten stand der Mond. Er beobachtet und vermisst ihn viele Nächte lang. Dahinter steckt das gängige Verfahren der Bestimmung des Längengrades. Dabei spielen insbesondere Mondfinsternisse, genauer der Eintritt des Mondes in den Schatten der Erde, eine besondere Rolle. Dieser Augenblick kann, sofern die Nacht genügend klar ist, von allen Beobachtern an auseinanderliegenden Orten zum gleichen Zeitpunkt gesehen werden. Vergleicht man dann die genauen Ortszeiten, an denen der Eintritt geschah, können aus den Differenzen die Entfernung zwischen den

Orten und mit einer Reihe weiterer Messungen auch die exakten Längengrade bestimmt werden. Die Werte, die Mayer durch solche Beobachtungen gewinnt, befriedigen ihn jedoch nicht. Er bemerkt, dass die theoretischen Grundlagen in der Beschreibung des Mondes und seiner Bewegungen nicht hinreichend sind. Insbesondere die Theorien über die wechselnde Größe der Mondscheibe erscheinen ihm wenig überzeugend. Sie wird von den Astronomen nicht der Mondbewegung, sondern den Umständen der Beobachtung, ob nachts oder am Tage, zugeschrieben. Also tritt Mayer den Gegenbeweis an. Er beobachtet am 25. Juli 1748 den Verlauf einer Sonnenfinsternis, vermisst mit Hilfe seines Mikrometers mehrfach den Durchmesser der Mondscheibe und kann seine Kollegen anhand der Messdaten widerlegen. Es liegt nicht am Ort oder Zeitpunkt der Beobachtung, sondern an der Bewegung des Mondes selbst. In einem anderen Beitrag vergleicht er die Qualität der Beobachtung von Mondfinsternissen mit den erzielbaren Daten, die gewonnen werden, wenn man stattdessen die Bedeckung von Fixsternen durch den Mond als Grundlage wählt. Dazu erklärt er: Im Gegensatz zu den Mondfinsternissen »haben die Bedeckungen der Sterne vom Monde alle Eigenschaften, die man sich hierzu wünschen kann.« Diese Erkenntnis und die Tabellen, die er dazu nach und nach erstellt, werden ihm bald erlauben, das große Problem der Navigation, die verlässliche Bestimmung der Position von Schiffen auf dem Meer, überzeugend zu lösen.

Bei diesen Berechnungen ergibt sich allerdings ein weiteres Problem. Zwar rotiert der Mond um die Erde in einer weitgehend festen Bahn, so dass er dem Beobachter auf der Erde immer sein *Gesicht* zeigt und seine Rückseite verborgen bleibt. Dabei gibt es aber leichte Schwankungen in der Bewegung des Mondes um seine eigene Achse, die sogenannte *Libration*, so dass zu bestimmten Zeiten auch Randbereiche des Mondes, also Teile seiner Rückseite in den Blick geraten. Das hat wiederum Konsequenzen für die Vermessung der Mondoberfläche. Sie wurde von den Rändern des Mondes aus vor allem anhand der Mondkrater und Mondberge, der sogenannten Mondflecken, vorgenommen. Sie sind die Strukturelemente, die das Gesicht des Mondes konstituieren. Wenn die Mondränder aber variabel sind, führt dies automatisch zu Fehlern bei der Kartierung der Mondflecken. Mayer kommt dem Problem auf die Spur, als er bei einer Mondfinsternis in der Nacht vom 8. auf den 9. August 1748 eine Karte anfertigt, die den Verlauf der Finsternis festhalten soll. Beim Vergleich seiner Resultate mit den vorhandenen Mondkarten seiner berühmten Kollegen Johannes Hevelius (1611–1687) und Giovanni Battista Riccioli (1598–1681) erkennt er, dass diese Schwankungseffekte darin nicht berücksichtigt sind, die Aufnahmen deshalb in seinem Verständnis ungenau waren: »Wir haben keine vollständigere Zeichnung der Mondflecken, als die, welche Hevel und nach ihm Riccioli gegeben haben. Man darf sie aber nur mit dem Originale, ich meyne mit dem Monde selbst, gegeneinander halten, um zu erkennen, wie schlecht die Aehnlichkeit darinnen getroffen worden. Es ist bald kein einziger Flecken, dem weder eine gehörige Grösse noch rechte Figur wäre gegeben worden.«

Wollte man den Mond in allen seinen Phasen als Hilfsmittel für die geographische Ortsbestimmung nützen, musste dieses Defizit behoben werden. Dafür waren nicht nur aufwendige Rechenoperationen erforderlich, denen sich Mayer nun mit Verve widmete. Sie dienten der Ermittlung des Mondmittelpunktes, von dem aus fortan die weiteren Messungen erfolgten. Es brauchte auch eine neue, deutlich verbesserte Mondkarte. Den Prozess seiner Problemerkenntnis und den Lösungsweg dafür beschreibt Mayer in einem umfangreichen, 130 Seiten umfassenden Beitrag in den *Kosmographischen Nachrichten* unter dem Titel *Abhandlung über die Umwälzung des Monds um seine Axe und die scheinbare Bewegung der Mondsflecken*. Diese

Studie ist sensationell. Sie schafft eine radikal neue Grundlage für die *Selenographie*, die Beschreibung des Mondes, und erlaubt eine Mondkarte in bisher nicht erlangter Präzision. Mayer hat dafür, wie aus seinem Aufsatz hervorgeht, unzählige Nächte in der Beobachtung und Vermessung der lunaren Konstellationen verbracht. Hervorgegangen sind daraus vierzig Detailzeichnungen des Mondes, wie sie die Welt bis dahin nicht gekannt hatte. Sie beruhen einmal mehr auf seiner seltenen Doppelbegabung als Mathematiker und Zeichner. Mayer bevorzugt bei seinen Aufnahmen Mondphasen, in denen der Himmelskörper in Sichelform erscheint, da dann das Sonnenlicht von der Seite einfällt und die Kraterlandschaft schärfer hervortritt. Um ein Gesamtbild des Mondes zu erhalten, müssen die verschiedenen Detailzeichnungen wie ein Puzzle zusammengefügt und Versätze interpoliert werden. Dabei hilft ein Gitternetz aus Längen- und Breitengraden, das wie schon bei der Erde über den Mond gelegt wird. Mayer ist der erste, der dieses Verfahren auch für den Mond anwendet. Seine Mondkarte ist 1750, also kurz vor seinem Wechsel nach Göttingen, weitestgehend fertiggestellt. Eine Handzeichnung davon ist erhalten, zur Veröffentlichung kommt sie zu seinen Lebzeiten aber nicht. Erst 1775 wird sie Georg Christoph Lichtenberg, der berühmte Physiker und Aphoristiker, im Auftrag des englischen Königs zusammen mit weiteren Teilen des Nachlasses in Druck geben (Abb. Seite 126). Für mehr als ein halbes Jahrhundert bleibt sie die präziseste Mondkarte und wird Mayer den Ruf als »Begründer der modernen Mondkartographie« eintragen.

Noch länger als die Mondkarte musste Mayers Mondglobus, den er 1750 in einer umfangreichen Werbeschrift ankündigte, auf die Veröffentlichung warten. Der Verlag Homännische Erben hatte schon länger im Sinn, seine Geschäfte auf die Anfertigung und den Vertrieb von Globen auszudehnen. So richtig in Schwung gekommen ist dieses Geschäftsfeld aber nie. Es erschienen nur wenige

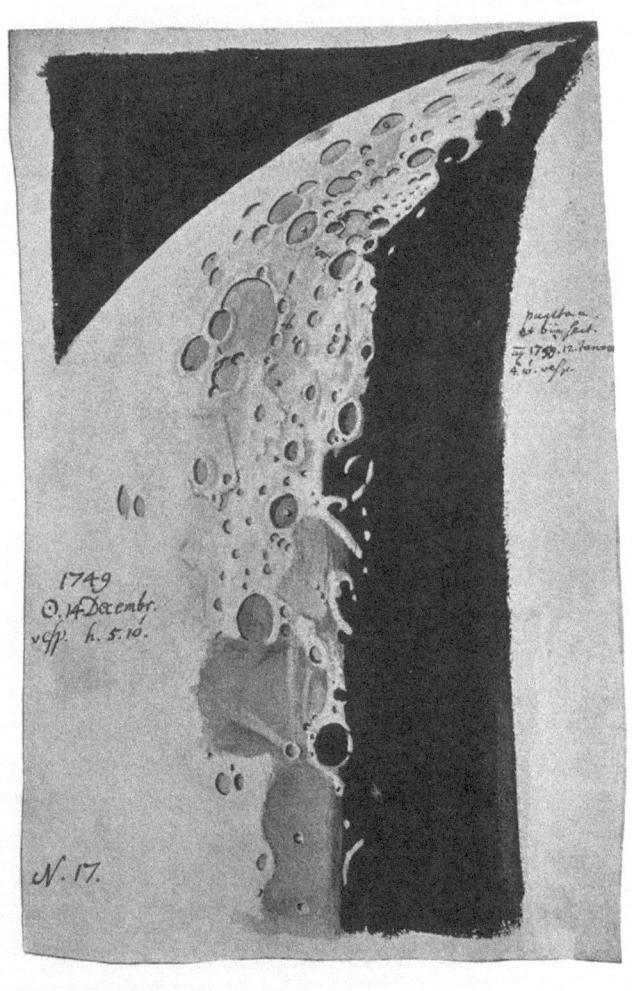

Detailzeichnung des Mondes von Tobias Mayer,
angefertigt in der Nacht des 14. Dezembers 1749

Prototypen von Erd- und Himmelsgloben. Mayer sollte aufbauend auf seinen Mondstudien nun auch einen Mondglobus entwerfen und auf den Markt bringen. Nicht zuletzt dieses höchst kostspielige Projekt hatte ihn veranlasst, sich mit der Veröffentlichung seiner Mondkarte zurückzuhalten, da sie in Konkurrenz zum Mondglobus gestanden hätte und dessen Realisierung zu blockieren drohte. Der Mondglobus war der Karte Mayers Auffassung zufolge sowieso überlegen, da er »die wahren Verhältnisse der Mondflecken, Krater und Ebenen viel besser einschätzen und auch messen« ließe. Zwar hatte der Astronom und Architekt Christopher Wren (1632–1722), Mitbegründer der Royal Society und Erbauer der St Paul's Cathedral, schon 1661 einen ersten Mondglobus gebaut und seiner Akademie übereignet. Dort wurde er aber eher als eine Kuriosität betrachte und gelangte zusammen mit Wrens mikroskopischen Zeichnungen von Läusen und Fliegen in das Wunderkabinett König Georgs II. Dem Stand der Erkenntnis entsprach er hundert Jahre später sowieso nicht mehr. Finanziert werden sollte der neue Mayersche Globus, für den ein Umfang von 15 Pariser Zoll, also rund 41 Zentimeter, vorgesehen war, durch Subskription möglicher Interessenten. Dafür brauchte es eine überzeugende Werbung. Offeriert wurden zwei Versionen: eine Ausführung, bei der das Gestell aus Holz und die Halterung aus Messing bestand, und eine gehobene Variante – »für grosse Herren, die etwan Belieben tragen eine solche Mondskugel praechtiger zu sehen« – mit einem Gestell aus Messing und der Halterung aus Silber. Die einfachere Version sollte 60 Gulden, die Luxusvariante 500 Gulden kosten, was in etwa dem Preis eines Handwerkerhauses von durchschnittlicher Größe und Qualität entsprach. Um den stolzen Preis zu rechtfertigen, erläutert Mayer in seinem *Bericht von den Mondkugeln, welche bey der kosmographischen Gesellschaft in Nürnberg, aus neuen Beobachtungen verfertigt werden* nicht nur den ungeheuren Nutzen des innovativen Instruments,

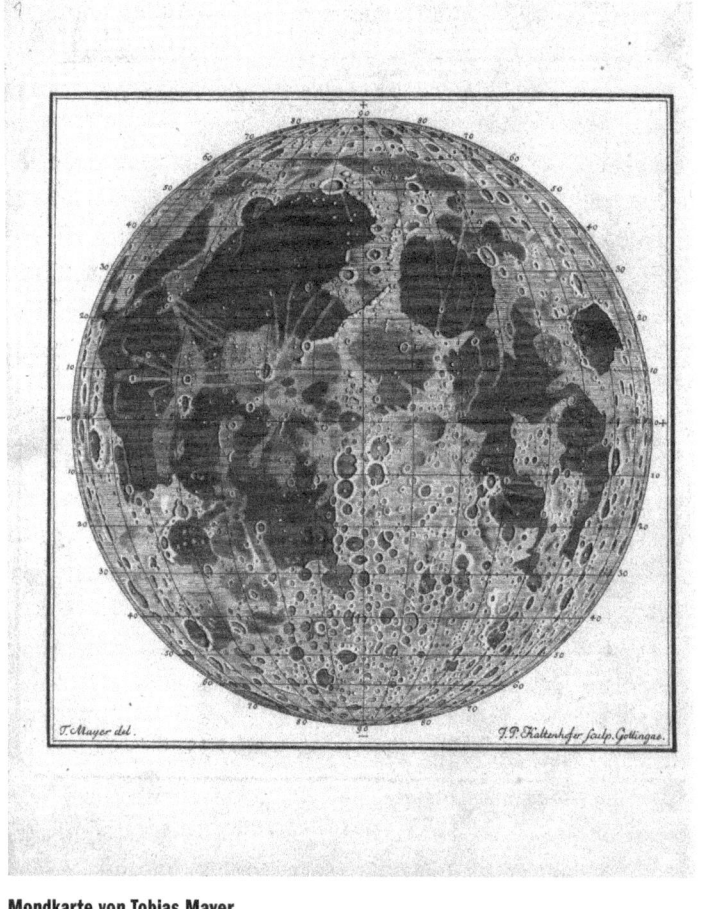

Mondkarte von Tobias Mayer,
herausgegeben von Georg Christoph Lichtenberg, 1775

sondern auch den Aufwand, der ihm zugrunde lag. So könne man mit dem Globus die Natur des Mondes besser als bisher geschehen ausforschen. Dabei erkenne man, dass er sich gänzlich von der Erde als dem einzigen bisher näher bekannten Weltkörper deutlich unterscheide. Auch werde ersichtlich, dass die dunklen Flecken auf dem Monde keineswegs, wie lange vorgegeben, Wasserbehältnisse oder Meere darstellten. Insbesondere aber werde die praktische Sternenkunde einen nicht geringen Nutzen und Vorteil zu hoffen haben. Mit dem Globus werde man zugleich einen Traktat herausgeben, in dem viele Aufgaben zum Gebrauch der Kugel beschrieben würden, etwa wie man die Größe, den Umfang und die Höhe eines jeden Mondfleckens abmisst oder wie man zu jeder Zeit die Linie zieht, welche den erleuchteten Teil des Mondes von dem finsteren absondert. Mayer spielt in der Beschreibung der Möglichkeiten, was man mit dem Globus alles anstellen kann, auf der ganzen Klaviatur des Könnens, das er sich in seinen täglichen und vor allem nächtlichen Untersuchungen angeeignet hat.

Er ist erkennbar in seinem Element, verdeutlicht aber auch, was es gekostet hat und weiter kosten wird, ein solch treffliches Instrument zu erschaffen. Über zwei Jahre sei er nun schon damit beschäftigt gewesen, die Theorie über die Libration des Mondes zu verbessern. In dieser Zeit habe er auch dessen ganze Erscheinung »in lauter abgesonderten Stücken« »mit dem möglichsten Fleisse« abgezeichnet. Dabei habe er für jedes dieser »Stücke, welches manchmal kaum den hunderten Theil von der ganzen Oberfläche des Mondes« ausmache, drei bis vier Stunden verwendet. Alle diese Teile unter Beachtung ihrer korrekten Position wieder zusammen zu setzen, hat weiterer Studien und damit Aufwand bedurft. Die Hälfte des Preises für die Mondgloben nach neustem Stand der Forschung sollte von den Subskribenten daher vorab bezahlt, der Rest dann bei der Auslieferung bis Ostern 1752 beglichen werden.

Die Fertigstellung des Unternehmens zog sich jedoch hin. Zunächst schoben sich andere Arbeiten dazwischen, dann lähmte der Siebenjährigen Krieg den Fortgang. Um 1761 griff Mayer die Arbeit daran wieder auf. In technischer Hinsicht sah er 12 keilartige Segmente vor, die sich zu den Polen hin verjüngten – sechs für die nördliche Halbkugel, sechs für die südliche. Wie ernst es ihm mit dem Mondglobus war, zeigen die sechs Kupferplatten, die er auf der Basis seiner Handzeichnungen in Auftrag gab und die sich erhalten haben. Zum Abschluss kam das Projekt aber erst 250 Jahre später, als der Tobias-Mayer-Verein in Marbach am Neckar 2005 beschloss, den Mondglobus fertigzustellen, was nach vier weiteren Jahren diffiziler Ausarbeitung schließlich gelang.

Mit seinen sensationellen Mondstudien, die zwischen 1748 und 1750, also in der kurzen Zeit von gut zwei Jahren, neben all seinen kartographischen Verpflichtungen und der Gesamtredaktion der *Kosmographischen Nachrichten* entstehen, schreibt sich Mayer in die Wissenschaftsgeschichte ein. Und weil er schon einmal dabei ist, die Theorien, die rund um den Mond im Schwange sind, zu zertrümmern, geht er schließlich noch der Frage nach, ob es auf dem Mond eine Atmosphäre gibt. Die Antwort darauf hilft Mayer zu klären, ob er bei seinen Messungen neben all den bekannten Variablen womöglich auch noch optische Brechungen berücksichtigen muss. Sie ist darüber hinaus von grundsätzlichem, gleichsam universalhistorischem Interesse, weil sich daran entscheidet, ob der Mond zumindest theoretisch als Lebensraum für Menschen dienen könnte. Fast 150 Jahre später, nach den ersten erfolgreichen Flugversuchen mit Gleitflugzeugen und nach der Erfindung der Kinematographie wird diese Frage als illusionistische Utopie wieder verhandelt werden, wenn Georges Meliès 1902 mit *Die Reise zum Mond* einen der ersten Spielfilme überhaupt drehen wird. Die darin erzählte Geschichte spielt in den ersten Szenen sinnigerweise auf einen Kongress der

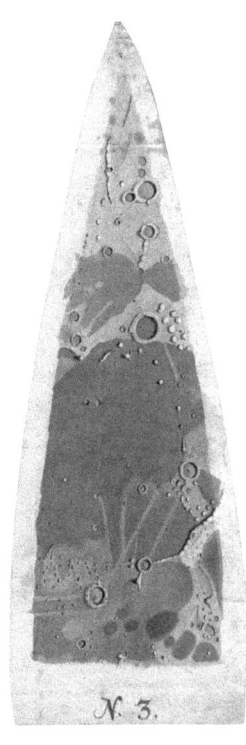 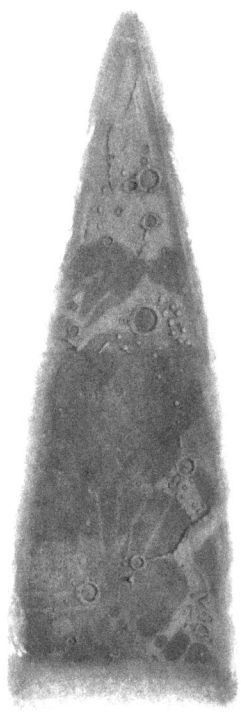

Mondglobus-Segment Nr. 3
als Handzeichnung und auf Kupferplatte

Astronomischen Gesellschaft, wo das Projekt zwar Widerspruch erfährt, aber am Ende doch beschlossen wird. Meliès greift bei seinem Drehbuch auch auf Szenen in den Science Fiction-Romanen *Von der Erde zum Mond* (1865) und *Reise um den Mond* (1870) von Jules Verne zurück. In letzterem setzte Verne Tobias Mayer sogar ein kleines literarisches Denkmal. In der Sache allerdings zu Unrecht, denn Mayer gab seiner Untersuchung den Titel *Beweis, daß der Mond keinen Luftkreis habe* und signalisierte damit klar und deutlich, dass ein Leben auf dem Mond, zumindest was die lokale

Mondglobus von Tobias Mayer, entworfen 1750
fertiggestellt 2009 durch den Tobias-Mayer-Verein
Marbach a.N.

Versorgung mit Luft angeht, unmöglich sei. Von Sauerstoff konnte Mayer noch nicht sprechen, da der erst ein Jahrzehnt nach seinem Tod entdeckt wurde.

Mayers Beschäftigung mit Sonne, Mond und Sternen ist rein wissenschaftlich begründet. Er nähert sich ihnen mit Winkelmessgerät und Mikrometer. Und doch dringt in seinen Beschreibungen hie und da auch ein Moment naiver Faszination und das Gefühl des Eingebettetseins in das kosmische Ganze durch. So schreibt er in der Ankündigung seiner Mondgloben: »Diejenigen, welche einmal die Neugier gehabt haben, sich den Mond des Nachts durch ein gutes Fernglas weisen zu lassen, werden durch diesen Anblick ohne Zweifel in eine angenehme Entzückung gerathen, und wenn sie schon in die Sternkunde keine allzu große Einsicht haben, dennoch vergnügt gewesen seyn, etwas gesehen zu haben, davon sie zuvor kaum die Möglichkeit geglaubt haben. Und in der That, wer sollte nicht gerührt werden, wenn man an einem Himmelskörper, welchen man von Jugend auf zu sehen gewohnt ist, ja welchen man kaum mehr eines Anschauens würdig hält, wenn man, sage ich, an dem Monde gleichsam eine andere Welt zu entdecken das Vergnügen hat.«

11
DIE UNIVERSITÄT

Als Tobias Mayer zu Ostern 1751 in Göttingen seine Professur antrat, bezog er eine der jüngsten und zugleich modernsten Universitäten in Deutschland. Gerade weil die Göttinger Universität erst 14 Jahre zuvor gegründet worden war, konnte sie vieles, was anderswo durch Tradition und Herkommen in gewohnten Bahnen verlief, anders machen und deshalb modern sein. Modern hieß, auf aktuelle Fragen aktuelle Antworten zu suchen. Diese Fragen waren nicht mehr wie über Jahrhunderte hinweg und verstärkt seit der Reformation theologischer oder religiöser Natur. Sie betrafen vielmehr Probleme der immer komplexer werdenden Staatsorganisation, also des Rechts und der Kameralistik, in der sich Verwaltung und Ökonomie trafen, sowie der Natur- und Gesellschaftswissenschaften, in denen sich empirische Forschung und aufklärerisches Denken mehr und mehr durchsetzten. Zwar verfügte Deutschland mit rund 40 Universitäten, von denen jedoch die Hälfte ein Schattendasein führte, über doppelt so viele Hochschulen wie Frankreich, doch standen sie unter heftigem Beschuss von Seiten der aufgeklärten Intellektuellen. »Lehre und Wissenschaft seien in desolater Verfassung. Überlebtes scholastisches Denken werde tradiert statt gesprengt. Curricula, Arbeitsmethoden, Vorlesungsstil, Fächereinteilung – alles sei überholt.« Die Kritik richtete sich gegen die alten Universitäten, die im 14. und 15. Jahrhundert in Wien, Heidelberg, Köln, Leipzig, Freiburg, Tübingen und Wittenberg gegründet wurden, aber auch gegen viele der neueren Anstalten, die hie und da von diversen Landesherren geschaffen worden waren, um den wachsenden Bedarf an Theologen, Juristen und Medizinern im Staatsdienst zu decken.

So vehement die Anwürfe waren, sie zeigten Wirkung. Mit der Universität Halle, die aus einer Ritterakademie hervorging und 1694 ihren Betrieb aufnahm, entstand eine erste Hochschule neuen Typs, die sich dadurch auszeichnete, dass sie zumindest im Ansatz das Prinzip der Denk- und Lehrfreiheit pflegte und damit dem aufklärerischen Denken eine Bresche schlug. In Halle wurden Vorlesungen erstmals in deutscher Sprache gehalten und eine praxisnahe juristische und ökonomische Lehre geboten. Einer der führenden Köpfe dort war der Universalgelehrte Christian Wolff, der über ein halbes Jahrhundert hinweg den wissenschaftlichen Diskurs in Deutschland prägte und als Mathematiker auch großen Einfluss auf Mayer ausübte. Was in Halle angelegt war, wurde in Göttingen perfektioniert. Und wie ein gutes halbes Jahrhundert später Wilhelm von Humboldt für die Erneuerung der akademischen Bildung durch die Gründung der Universität zu Berlin steht, ist es für Göttingen der hannoversche Minister Adolf Gerlach von Münchhausen, der selbst in Halle studiert hatte und auf der Basis dieser Erfahrungen die Grundlagen für den Erfolg der jungen Universität schafft. Das Projekt, eine neue Universität zu errichten, hatte mehrere Beweggründe. Einer davon betraf Fragen des Prestiges. Georg August, Herzog von Braunschweig-Lüneburg und Kurfürst von Hannover, als Georg II. zugleich König von England, verfügte in seinen hannoverschen Landen bis dahin über keine eigene Universität. Er teilte sich lediglich die Trägerschaft der Universität Helmstedt mit seinen Vettern aus der Linie Braunschweig-Wolfenbüttel, auf deren Gebiet die Anstalt lag. Das war für eine königliche Hoheit keineswegs zufriedenstellend. Eine eigene Universität verschaffte, wenn sie gut eingerichtet und ausgestattet war, internationales Renommee, intellektuelle Impulse, neue Staatsdiener und ökonomischen Aufschwung im Lande. Göttingen konnte eine solche Infrastrukturmaßnahme als Ausfluss kameralistischen Denkens gut gebrauchen. Die Hanse- und Ackerbürgerstadt mit ihren rund 5.000 Einwohnern hatte im Gegensatz zu den anderen Städten des Landes keine überregionalen Institu-

Kollegiengebäude der Universität Göttingen, ca. 1753
Federzeichnung aus dem Stammbuch Ludwig Andreas Gercke
Haupteingang und Vorplatz der Paulinerkirche mit der Darstellung
eines studentischen Umzugs in Göttingen

tionen aufzuweisen. Sie war aber gerade dabei, sich von den Folgen des Dreißigjährigen Krieges zu erholen. Zudem gab es seit der Reformation in den Gebäuden des alten Dominikanerklosters ein Pädagogium, das als Keimzelle der neuen Universität dienen konnte.

Wenn das Unternehmen glücken sollte, musste das erste Anliegen Münchhausens als faktischem Gründer der Universität darin bestehen, tüchtige Professoren und genügend zahlungskräftige Studierende für die neue Alma Mater zu gewinnen. Münchhausen nahm dafür junge Adlige des Kurfürstentums ins Visier. Damit die höfisch-kultivierten Lebensformen dieser Klientel, wie es der König und Kurfürst wünschte, genügend Aufmerksamkeit erhielten, wurden eigens eine Reitanlage, ein Fechtboden und ein Ballhaus errichtet. Um sie mit Leben zu erfüllen, wurden Universitätsstallmeister, Reit-, Fecht- und Tanz-, Schreib- und Zeichenlehrer angestellt, die als sogenannte Exerzitienmeister dem akademischen Lehrkörper angehörten. Tatsächlich gelang es, die Quote adliger Studierender das ganze 18. Jahrhundert hindurch auf über zehn Prozent zu bringen, während ihr Anteil anderswo kaum die Hälfte erreichte. Dies hatte positive wirtschaftliche Folgen für die Universität und die sie beherbergende Stadt. Zudem verschaffte es der neuen Hochschule rasch ein entsprechendes Ansehen und sorgte unter den Studenten für einen staatspolitisch durchaus gewollten Austausch zwischen adligen und bürgerlichen Kreisen, was in England gang und gäbe war und dem wirtschaftlichen Fortschritt dort wichtige Impulse gab.

Auch hinsichtlich des Fächerkanons und der Fächerhierarchie wurde von Anfang an eine klare Richtung ausgegeben. Zwar bestand die herkömmliche Organisation der Fächer in den vier Fakultäten Theologie, Jura, Medizin und Philosophie auch in Göttingen fort. Die Theologie verlor jedoch ihre traditionelle Vorrangstellung, die zunächst von den Rechtswissenschaften, die mehr als die Hälfte der Studierenden stellten, später auch von den Naturwissenschaften übernommen wurden. Neben Protestanten ließ man auch katholische Studenten zu und die Denunziation anderer wegen angeblich häretischer Ansichten wurde strikt untersagt. Damit wurde Glaubensstreitigkeiten, die das öffentliche und private Leben über zwei Jahrhunderte dominiert hatten, der Riegel vorgeschoben. Stattdessen galt Meinungs- und Lehrfreiheit, die im akademischen Diskurs und zensurfreien Publikationen vertreten werden konnte und musste. Für die argumentative Basis sorgte eine gut ausgestattete Bibliothek. Sie war auch für die Studenten zugänglich und erlaubte ihren Nutzern sogar das Leihrecht, was ebenfalls eine Neuerung darstellte.

Besonders bedeutsam für die erfolgreiche Entwicklung war die Berufungspolitik. Als Mayer nach Göttingen kam, verfügte die Universität über 24 Professoren. Fünf davon gehörten der theologischen, fünf der juristischen, vier der medizinischen und zehn der philosophischen Fakultät an. Tobias Mayer war der sechsunddreißigste ordentliche Professor, der überhaupt an die Göttinger Universität berufen wurde. Bei der Besetzung der Professorenstellen hatte die Universität nur ein sehr eingeschränktes Mitspracherecht. Die Entscheidung darüber wurde, auch um Vetternwirtschaft und Gesinnungseinerlei zu unterbinden, in Abstimmung mit dem König-Kurfürst vom Staatsministerium in Hannover getroffen. Gelegentlich konnte es auch vorkommen, dass die Minister Berufungen vornahmen, ohne dass sie zuvor die Universität gefragt hatten. Dies scheint bei Tobias Mayer der Fall gewesen zu sein. Er erhielt seinen offiziellen Ruf mit einem in Hannover ausgefertigten Schreiben Georgs II. vom 26. November 1750. Darin hieß es, seine »ausgearbeiteten mathematischen Schriften« wie auch der ihm »sonst beygelegte Ruhm der Gelehrsamkeit« habe ihn veranlasst, Mayer »zur Bekleidung der durch Absterben Unsers Rath Penthers erledigten Professione Oeconomiae in Gnaden auszuersehen.« Mayer wurde also, obwohl eigentlich Mathematiker und Astronom und ohne sich je in ökonomischen Fragen ausgewiesen zu haben, auf eine Professur für Ökonomie berufen. Dies freilich nur in formaler Hinsicht, da die Denomination seines Vorgängers so gelautet hatte. Im weiteren Verlauf des Schreibens wurde die tatsächliche Aufgabenstellung ausgeführt, nämlich »nicht nur alle practischen Theile der Mathematic gründlich [zu] lehren, sondern auch denen Studiosis würkliche Handleitung [zu] geben.« Er sollte also angewandte Mathematik unterrichten und dafür sorgen, dass die Studierenden am Ende in der Lage waren, sie auch tatsächlich anzuwenden. Das entsprach dem Ideal einer kameralistisch orientierten Landesverwaltung, die darauf bedacht war, das Staatswesen vernunftbasiert zu organisieren, dabei aber stets das Verhältnis von Aufwand und Wirkung im Auge behielt, um den ökonomisch und politisch größten Nutzen zu generieren. Wie ein vorausgegangener Brief des Staatsministeriums an den König ausweist, wurde Mayer aufgrund verschiedener Erkundigungen, die man über ihn einholte, so eingeschätzt, »daß er in der Theorie dem verstorbenen Penther weit zu vor, in praxi aber es ihm wenigstens gleich thun sollte.« Mayers eigentümliches Bestreben, den Dingen theoretisch auf den Grund zu gehen, dabei aber immer die praktische Anwendung im Blick zu haben, gab offensichtlich den Ausschlag. Denn zuvor waren schon andere Kandidaten geprüft, aber wieder fallen gelassen worden, sei es, dass sie fachlich nicht genügten, zu hohe Forderungen stellten, von ihren bisherigen Stellungen nicht freigegeben wurden, oder, was besonders tragisch anmutet, »während der Unterhandlung gestorben« waren. So also kam Mayer zum Zuge, dessen Mitgliedschaft in der Kosmographischen Gesellschaft zu Nürnberg zusätzlich für ihn sprach. Offensichtlich liebäugelte man mit deren Umzug an die hiesige Universität.

Mayer zögerte nicht lange, die ehrenvolle Anfrage anzunehmen. Denn mit der Berufung war die Erwartung verknüpft, sich spätestens 14 Tage vor Ostern in Göttingen einzufinden, um gleich darauf seine Vorlesungen aufzunehmen. Nach Göttingen berufen zu werden, galt als besondere Auszeichnung und hatte den zusätzlichen Vorteil, gut dotiert zu sein. Mayer wurde das Jahresgehalt seines Vorgängers in Höhe von 400 Reichtalern zugesagt, zusätzlich eine Aufwandsentschädigung von 40 weiteren Reichstalern sowie die Übernahme der Umzugskosten mit 100 Reichstalern. Das war eine ordentliche Besoldung für einen ordentlichen Professor. Göttinger Universitätsprofessoren blieben ihrer Hochschule deshalb in der Regel lange verbunden, während sie anderswo oft auf Nebentätigkeiten angewiesen waren und deshalb, sobald sich die Chance bot, in lohnendere Stellungen außerhalb des akademischen Feldes wechselten. Tobias Mayer zog mit seinem Wechsel von Nürnberg nach Göttingen also das große Los. Er hatte gerade geheiratet, war finanziell versorgt und konnte es nun wagen, eine Familie zu gründen.

Obwohl erst 28 Jahre alt, genoss er schon ein beträchtliches wissenschaftliches Ansehen. Vor allem hatte er nun Zeit, unabhängig von ökonomischen Überlegungen seinen wissenschaftlichen Anliegen nachzugehen.

Das Verhältnis zwischen der Universität und der Stadt Göttingen war indes nicht spannungsfrei. So sehr es das Anliegen des Kurfürsten und Staatsministeriums gewesen war, der Stadt ökonomisch und politisch Vorteile zu verschaffen, so sehr wurde die neue Institution als Fremdkörper empfunden. Das hing nicht zuletzt mit ihrem besonderen rechtlichen Status zusammen. Die Universität verfügte über ein selbständiges Bürgerrecht, ihre Angehörigen genossen Steuerfreiheit und unterlagen einer eigenen Gerichtsbarkeit, konnten also von den allgemein geltenden Ordnungsmaßnahmen nicht erfasst werden. Der hohe Anteil adliger Studierender führte zudem zu Extravaganzen, die mit den Vorstellungen und Gewohnheiten der Einheimischen kollidierten. Wie weit diese mitunter auseinanderlagen, unterstreicht der Bericht des dänischen Mediziners Johann Georg Bärens, der von 1752 bis 1754 in Göttingen studierte und seine Eindrücke plastisch wiedergibt: »Die Einwohner sind im Grunde ein rohes, ungehobeltes und unfreundliches Volck, die mit der größten Mühe von ihren ungeschlachteten Sitten nicht abzubringen sind, wenn sie auch zu ihrer größten Schande gereichen sollten [...]. Zu ihren übrigen Eigenschaften fügen die Göttinger die Faulheit und den Stolz, und ungeachtet sie recht eigennützig sind, werden sie dennoch niemand leicht hintergehen, als wenn es mit recht guter Bequemlichkeit geschehen kann. Sie verstehen keinen Handel, wollen ihn auch nicht lernen[...]. Es kostete unsägliche Mühe ihnen begreiflich zu machen, daß die Universität ihnen einträglich wäre, und noch wollen es die wenigsten glauben. Sie haben einen unsäglichen Haß gegen alle Fremde, die sie desto weniger vorher konnten kennen lernen, weil auch nicht einmal eine Post bey ihnen angeleget war. Sie schienen darüber zu verzweifeln, als ihnen die neu angelegte Universitaet zu Anfangs ziemliche Unkosten machte. Die wenigsten Straßen waren schlecht, die meisten gar nicht gepflastert, und die Hälfte der Häuser hatte keine Schornsteine, weil sie sich begnügten, wenn der Rauch, nachdem er sie und ihre beruffene Würste wohl durchgezogen hatte, durch die Dach-Fenster seinen Abschied nahm [...]. Also muste gepflastert und gebauet werden, welches Anfangs Geld kostete, aber auch die Bürger gegen die Universitaet aufs äußerste erbitterte [...]. Die Göttinger sind also nunmehro zwar nicht mehr so hartleibigt als vor 20 Jahren, allein sie sind darum weder höflicher noch reicher geworden [...]. Daß aber ungeachtet des große Geldes, so hier verzehret wird, die Einwohner nicht reich werden, liegt an ihrem Aufwand, indem der Schneider so gut Wein trinckt als der Professor, und seine Frau kein Kleid von schlechterm Stoff trägt als die Hof-Räthin; Ja es muß gewiß ein sehr armer Mann seyn, der nicht täglich mit seiner gantzen Familie 2 mahl Caffe trinckt.«

Ohne Zweifel, hier artikuliert sich ein erheblicher Standesdünkel und nicht alles, was geschildert wird, entstammt der eigenen Anschauung. Bärens kolportiert manche Eindrücke und Geschichten, die ihm zugetragen wurden. Auch mögen seine Quellen einseitig sein und zum größten Teil aus dem akademischen Lager stammen, doch werden seine Schilderungen von anderen Zeitgenossen bestätigt und am schärfsten auf einen Nenner gebracht von dem Schweizer Arzt Samuel Auguste Tissot: »une triste ville dans un triste pays«.

Einen besonderen Impuls sollte der Besuch der Universität durch ihren nominellen Gründer und offiziellen Rektor König Georg II. im Sommer 1748 geben. Seit 1734 im Probebetrieb und 1737 feierlich eröffnet, war dies der erste Auftritt des Namensgebers an seiner Alma Mater. Anlass für die Reise Georgs II. in seine hannoverschen Stammlande waren die Verhandlungen zum Aachener Frieden, mit dem der jahrelang geführte Österreichische Erbfolgekrieg zu Ende gebracht wurde. Für die Universität, die den König-Kurfürsten als Landesherrn, vor allem aber als Mitglied der akademischen Gemeinschaft begrüßte, war der Besuch ein dringend erwünschter und für das Selbstverständnis notwendiger Rechtsakt, der die Legitimation der Universität als privilegierte und autonome Institution unterstreichen sollte. Im Mittelpunkt ihres Interesses stand daher die stimmige rituelle Gestaltung der jährlichen akademischen Feier, bei der das Prorektorenamt übergeben und die Promotionen vorgenommen wurden.

Der Besuch der Universität fand am 1. August mit zwei Übernachtungen in Göttingen statt. Die Vorbereitungen dafür begannen vier Wochen zuvor. Dabei waren zwei Aufgaben zu regeln: das Herausputzen der Stadt mit angemessener Versorgung des Herrschers und seiner Entourage sowie die korrekte Ausgestaltung der akademischen Feier. Alles musste akkurat bedacht und minutiös geplant werden. Da zu diesem Spektakel eine große Zahl auswärtiger Gäste erwartet wurde, mussten die Unterbringung geprüft und die Bestellung der erforderlichen Lebensmittel aufgegeben werden. Die hierfür eingerichtete Unterkommission ging die einzelnen Stadtquartiere Straße für Straße durch und konnte am Ende Entwarnung geben. Die Göttinger Wirtshäuser seien in der Lage 31 Stuben, 18 Kammern und 47 »sonstige Betten« bereitzustellen. Hinzu kamen 179 Stuben in Privatquartieren, unterteilt in drei Qualitätsklassen. Auch für die Kutschen und Pferde fand sich genügend Platz: 248 Pferde konnten in Privatställen und 219 in den Stallungen und Remisen der Gaststätten untergestellt werden. Von deren Tauglichkeit überzeugte sich der königliche Satteldiener persönlich. Aufwendiger erwies sich die Besorgung der Lebensmittel. Hier wurde erwartet, dass nicht nur genügend einheimisches Bier, sondern auch auswärtige Biere bereitstanden, ebenso Wein. Die Zahl der in

Göttingen tätigen vier Bäcker sollte verdoppelt und alle angehalten werden, nur Backwaren von höchster Qualität herzustellen. Auch sollte genügend Schlachtvieh herangeschafft und hinreichend fangfrische Forellen aus den umliegenden Dörfern besorgt werden. Von genügend Flusskrebsen, Wild, Geflügel und Konfitüren ging man ohnehin aus. Vorsorglich wies man aber darauf hin, dass auch frische Zitronen, eingelegte Sardellen, Parmesankäse und Baumöl gewünscht wären. Dies alles wurde sorgfältig erledigt. Und auch die Uhren wurden gewartet, da durchgesickert war, dass der König auf Pünktlichkeit Wert lege. In den Straßen, die der Herrscher passierte, wurden die Fassaden neu gestrichen und elf Bauern aus der Gegend beauftragt, die Wege auszubessern. Am Besuchstag selbst mussten die Bürger ihr Vieh in den Ställen lassen, damit die Straßen nicht wieder verdreckt würden.

Schwieriger als die Regelung der äußeren Verhältnisse gestalteten sich die Absprachen über den Verlauf der akademischen Feier. Der Universität war es ein dringendes Anliegen, dass die Feier gemäß den anerkannten Statuten abliefe. Sie hatte aus ihrer Sicht rituellen Charakter, war nicht nur zeremonielles Gehabe, sondern konstituierte die besondere Legitimität der Universität und ihrer bestellten Repräsentanten. Eine solche Feier war ihrem tieferen Verständnis nach »ein Stück versinnbildlichter Rechtsgeschichte, Gestaltwerdung oder Seinssubstanz.« So wie der König in der Krönungsfeier erst durch die Salbung seine letztendliche Erhöhung erfuhr, so sollten die Prorektoren mittels Übergabe der Insignien durch den König in ihren neuen, wenn auch nur temporär verliehenen Stand versetzt werden. Da dieser Akt bei der Gründungsfeier infolge des Fehlens des Königs, Kurfürsten und Rektors nicht vollzogen werden konnte, sollte nun die Gelegenheit dazu nachgeholt werden. Allein, das Staatsministerium und Seine Majestät selbst hatten andere Vorstellungen. So sehr der König wünschte, bei der »Übertragung der

Akademische Feier in der Paulinerkirche während des Besuchs Georg II. 1748
Kupferstich von Georg Daniel Heumann
Zwei adlige Studierende präsentieren König Georg II. auf der Empore sitzend die Universitätsinsignien, im Chor links warten die Doktoranden, rechts hat sich das Professorenkollegium aufgestellt.

ProRectorenwürde« und der »Creiirung einiger Doctoram« anwesend zu sein, war ihm an einer kurzen und überschaubaren Zeremonie gelegen. Auf den konkreten Ablauf angesprochen, erklärte der Geheime Kanzleisekretär dem scheidenden Prorektor, dass die akademischen Reden, wegen »der anwesenden Dames und anderer welche der lat. Sprache nicht mächtig« seien, unter allen Umständen auf Deutsch gehalten werden sollen, auch müsse »das Intermezzo der Music […]so kurz als möglich seyn«, da »Ihre Majestät […] dergleichen ceremonien« nicht liebe. Und was den Kern des Rituals, die Übergabe der Insignien, betraf, hieß es, das von der Universität gewünschte Berühren der Insignien durch den König sei nicht nötig, es genüge hier »ein bloßes Nicken des Landesherren.« Immerhin durfte am Eingang zum Kollegiengebäude eine Ehrenpforte errichtet werden, die den Rechtsraum der Universität von der Stadt abgrenzte.

Die Universität hielt sich weitestgehend an die Vorgaben. Der König schritt durch die Ehrenpforte und nahm auf der Empore der Universitätskirche, worin die Feier stattfand, Platz. (Abb. Seite 142). Die beiden Prorektoren, der scheidende und der neue, ließen es sich indes nicht nehmen, ihre Reden in lateinischer Sprache zu halten, wohingegen der Kanzler seine Dankadresse auf Deutsch hielt. Die Insignien wurden dem König präsentiert, der nickte, und anschließend wurden die Promotionen vollzogen, indem den Kandidaten der Doktorhut aufgesetzt, der Doktorring an den Finger gesteckt und die Aufnahme in die Fakultät durch einen Friedenskuss besiegelt wurde. Das obligate Festmahl wurde auf den nächsten Tag verschoben, da die versammelte Professorenschaft ins Rathaus eilen musste, um dort zusammen mit der Mätresse des Herrschers, der Gräfin von Yarmouth, den anwesenden Ministern und Geheimen Räten, einigen auserwählten Fremden sowie Vertretern der Stadt an der königlichen Tafel Platz zu nehmen. Der Besuch war aufs Ganze betrachtet ein Erfolg. Die Presse berichtete ausführlich darüber. Die Universität war geadelt und konnte darauf hoffen, ihre Stellung zu festigen und ihren Rang unter den führenden Einrichtungen des Reiches weiter auszubauen.

Zu diesem Zeitpunkt nahm die Universität Göttingen, was ihre Studierendenzahl anging, den vierten Platz nach Halle, Jena und Leipzig ein. Zum Sommersemester 1748 hatte es 181 Neuimmatrikulierte gegeben, so dass sich die Gesamtzahl der Studierenden nach einer kleinen Nachfragedelle in den Vorjahren wieder nach oben bewegte und einen Wert von rund 400 erreichte. Das war angesichts von insgesamt etwas über 8.000 Studierenden an allen deutschen Universitäten zusammen genommen nicht schlecht, musste sich aber auf Dauer verbessern. Auch dazu diente der königliche Besuch. Der Lehrkörper hatte einen guten wissenschaftlichen Ruf und die Ausstattung mit der einzigartigen Bibliothek war überzeugend. Die Hoffnung, durch die Personalunion mit England auch Studenten von dort anzuziehen, hatte sich jedoch nicht erfüllt. Bis 1748 hatten sich gerade mal vier Engländer in Göttingen eingeschrieben. In den folgenden Jahren gelingt es aber tatsächlich die Nachfrage deutlich zu steigern. Im Durchschnitt der Jahre 1751 bis 1755 wies die Göttinger Universität 600 Studierende auf. Danach erlitt sie infolge des Siebenjährigen Krieges allerdings einen herben Einbruch, so dass in den Jahren 1760 bis 1762 sogar weniger als hundert Studierende zu verzeichnen waren. Den Höchststand bis zum Ende der Befreiungskriege 1815 und damit auch das bei der Gründung gesteckte Ziel, in Göttingen tausend Studierende zu versammeln, erreichte die Universität 1781, als 947 Studierende eingeschrieben waren. Das bedeutete im Hinblick auf die Studierendenzahlen im deutschen Reich zugleich den zweiten Platz hinter Halle.

Der Besuch Georgs II. verlieh der Universität einen neuen Schub. Dazu zählte auch die kurz danach getroffene Entscheidung, eine Sternwarte zu errichten. Auch dieses Projekt war ein Grund für Mayer, nach Göttingen zu gehen und umgekehrt, ihn dorthin zu berufen. Noch bevor er eintraf, wurde er deshalb um die Mitarbeit bei diesem Projekt gebeten und ihm auch sogleich die Co-Direktion angeboten. Das Observatorium befand sich freilich erst im Bau und sein Leitungskollege Johann Andreas Segner, Professor für Physik und Mathematik, erwies sich als ein Querulant und Quertreiber, der den Fortgang des Vorhabens mehr behinderte als beförderte.

12
FORSCHUNG UND LEHRE

Mayer wurde vorrangig aufgrund seiner Innovationen in der Forschung nach Göttingen berufen, denn Unterrichtserfahrung hatte er keine vorzuweisen. Die Erwartungen, die von der hannoverschen Regierung zunächst an ihn herangetragen wurden, richteten sich jedoch auf die Lehre. Zeitgleich mit der offiziellen Ernennung erging ein Schreiben an die Universität, bitte danach zu schauen, dass Mayer wie üblich alsbald sein Vorlesungsprogramm zum Eintrag im *Catalogus Praelectionum publice et privatim in Academia Georgia Augusta* bekannt geben möge. Die erhaltenen Vorlesungsverzeichnisse, die zwischen öffentlich zugänglichen Vorlesungen und privaten Kollegien unterschieden, dokumentieren Lehrumfang und Themenspektrum Mayers Semester für Semester.

Der Unterricht fand während des Semesters an vier oder fünf Tagen, gelegentlich auch samstags, statt. Vormittags reservierte er jeweils eine Stunde von 11 bis 12 Uhr für die öffentliche Vorlesung, nachmittags bot er gewöhnlich von 16 bis 18 Uhr seine privaten Einführungen an. Das Themenspektrum seiner Lehrangebote war außerordentlich breit gefasst. Es reichte von Algebra und Analysis, theoretischer und praktischer Astronomie, Ballistik und Befestigungsbau über Geometrie und Geodäsie, Hydrographie und Kartographie bis hin zu sphärischer Trigonometrie, Instrumentenbau und Infinitesimalrechnung. Die Unterrichtsgebiete umfassten im Kern die Felder, die Mayer bereits im *Mathematischen Atlas* aufgerissen und dann erweitert und vertieft hatte. Als Grundlagen seiner Lehre dienten die einschlägigen Publikationen von Christian Wolff und andere eingeführte Lehrbücher wie die *Praxis Geometriae* seines Amtsvorgängers Johann Friedrich Penther, die zu verwenden ihm offensichtlich nahegelegt wurde. Vorlesungen zur Ökonomik im eigentlichen Sinne hielt Mayer nicht, doch hatte er auf eine angemessene Ökonomie in seinem Lehrauftrag zu achten. Die zwei bis vier Vorlesungen, die Mayer regelmäßig zu halten hatte, variierten zwar von Semester zu Semester, doch konnten auch Lehrveranstaltungen mit gleichen Inhalten unter wechselnden Überschriften auftauchen. Mayers Sohn Johann Tobias, der 1799 als Nachfolger Lichtenbergs auf dem Physik-Lehrstuhl ebenfalls nach Göttingen berufen wurde und als Mitglied zahlreicher wissenschaftlicher Akademien großes Ansehen genoss, bekannte nach dreißigjähriger Zugehörigkeit zur Georgia Augusta: »In gegenwärtigem halben Jahr lese ich die Experimentalphysik zum 85ten mahle. Ich glaube so oft ist sie noch von keinem Lehrer dieser Wissenschaft vorgetragen worden.«

Bei aller Ernsthaftigkeit, mit der er die Lehre betrieb, musste Tobias Mayer genau darauf achten, dass er die Sinne und Kräfte beisammenhielt und nicht zu sehr verstreute, wenn er auch seinem ausgeprägten Forscherdrang nachkommen wollte. Dies umso mehr angesichts der Hörerschaft, die er zu versorgen hatte. Die Klientel war bunt zusammengewürfelt und im Allgemeinen sehr jung. Neben den besonders umworbenen Adligen versammelten sich in den Lehrveranstaltungen die Söhne von Kaufleuten, Handwerkern, Bildungsbürgern sowie arme Studenten, die auf Stipendien und Freitische angewiesen waren. Zugangsbeschränkungen hinsichtlich Vorbildung oder Alter gab es nicht. Das Abitur als Voraussetzung für ein Studium wurde erst von 1788 an, als Preußen es verlangte, üblich. Daher lag das Eintrittsalter der Studierenden gewöhnlich bei 16 bis 17 Jahren. Sie blieben in der Regel auch nur zwei Jahre. Allzu viel Lerneifer und Lernfortschritt durfte man von den meisten Hörern in der philosophischen Fakultät nicht erwarten, zumal deren Lehrprogramm nicht als Fachstudium angelegt war. Es ersetzte teilweise die oberen Klassen des Gymnasiums und diente vorrangig der Erweiterung der wissenschaftlichen Allgemeinbildung.

Über die Wirkung der Lehrtätigkeit Mayers auf die Studierenden ist wenig bekannt. In einer posthumen Würdigung zu seinem 70. Geburtstag, 1793 im *Schwäbischen Archiv* erschienen, hieß es: »In Göttingen wurde er mehr durch seine Schriften als durch seine Vorlesungen bekannt; denn diese wurden nicht häufig besucht. Er lebte dunkel, wenig gekannt, und nur von den Weisen geschätzt, die das Innere von dem Äußern zu unterscheiden wissen.« Die geringe Hörerzahl verwundert nicht, denn zwischen 1751 und 1762, als Mayer in Göttingen lehrte, schwankte die Gesamtzahl der Studierenden zwischen 100 und 600. Auf 24 Professoren verteilt ergab sich daraus ein rechnerischer Durchschnitt von vier bis 25 Studenten pro Lehrkraft. Da mehr als die Hälfte der Studenten aber in Jura eingeschrieben waren, lag die Durchschnittszahl in den anderen Fächern noch darunter. Während des Siebenjährigen Krieges waren in einzelnen Semestern sogar nur noch 42 und am absoluten Tiefpunkt 15 Neueinschreibungen zu verzeichnen. Die Beschreibung ist gleichwohl instruktiv. Sie zielt auf zwei Eigenheiten von Mayers Lehre und Auftritt: sein bei aller Breite zugleich recht spezielles und diffiziles Lehrgebiet, das gerade wegen seiner wissenschaftlichen Brillanz ein tieferes Engagement und Verständnis erforderte, sowie seine zurückhaltende Art im öffentlichen Auftritt, eine äußere Bescheidenheit, die jedoch nicht mit mangelndem Selbstbewusstsein zu verwechseln ist. Sein intellektuelles Selbstwertgefühl hatte er schon durch seine frühen Publikationen unter Beweis gestellt und er scheute sich auch nicht, mit den renommiertesten Gelehrten in Kontakt zu treten, um wissenschaftliche Probleme zu erörtern. So sehr seine grundlegenden Forschungen letztlich immer auf die Lösung konkreter praktischer Fragen der Anwendung von Mathematik, Physik und Astronomie ausgerichtet waren, so wenig machte er sich offensichtlich aus äußeren Anerkennungen und öffentlicher Wirkung. Zur Einreichung seiner Arbeiten für einen hochdotierten

Preis des englischen Parlamentes musste er von den Universitätskollegen förmlich gedrängt werden und letztendlich hat es auch ein anderer für ihn getan. Das Wichtigste scheint ihm gewesen zu sein, Zeit und die nötige Ausstattung für seine Forschungen zu erhalten und die Ergebnisse, die er erzielte, in regelmäßigen Abständen unter den Gelehrten in der *Wissenschaftlichen Societät* vorzutragen. Zu dieser Haltung passt, dass Mayer während seiner Göttinger Jahre keine allgemeinen Lehrbücher mehr verfasste, sondern sich auf Publikationen konzentrierte, in denen er, zumeist in lateinischer Sprache, Spezialprobleme behandelte. Nur mit seinem Mondglobus und seinen Monddistanztabellen zielte er noch einmal auf eine breite öffentliche Wirkung. Der eine wurde aber zu seinen Lebzeiten nicht fertig und die anderen hatten eher technisch-instrumentellen Charakter, so dass sie zwar für lange Zeit die Navigation auf See prägten, für die allgemeine Öffentlichkeit aber uninteressant waren.

Einen gelehrigen, überaus dankbaren und erfolgreichen Schüler hatte Mayer aber mit Carsten Niebuhr, der später selbst berühmt wurde. Er stammte aus einer wohlhabenden Bauernfamilie an der Niederelbe und absolvierte von 1757 bis 1760 ein Mathematikstudium in Göttingen, zunächst bei Abraham Gotthelf Kästner, später bei Mayer. Über seinen Professor Mayer konnte er nur Löbliches berichten: »Ich hatte für diesen meinen Lehrer die größte Hochachtung und Liebe.« Hin und wieder schien Mayer von seiner schicksalhaften Jugend berichtet zu haben, wie er sich sein Wissen selbst angeeignet und den Weg in die Gelehrtenwelt gefunden hatte. Das hinterließ bei Niebuhr bis ins hohe Alter einen bleibenden Eindruck: »Seine Jugendjahre können manchen braven, von Glücksgütern entblößten Jüngling aufmuntern, den Muth nicht sinken zu lassen, wenn er hier ein Beispiel findet, daß eigener Fleiß in der Welt nicht immer unbelohnt bleibt: so wie auch sein Beispiel diejenigen von den Begüterten beschämt, die bey guten Naturgaben und großen, auf ihre Erziehung verwendeten Kosten dennoch nicht gründliches gelernt haben, wodurch sie ihren Nebenmenschen nützlich zu werden vermögen.« Hier klingt eine aufklärerische Kritik durch, die sich bewusst wird, dass Besitz und Bildung keineswegs immer zusammen gingen, wofür das Universitätsleben mit seinen privilegierten und besonders umworbenen, weil zahlungskräftigen Studierenden auch in Göttingen hinreichend Anschauungsmaterial bot. Für Niebuhr war Mayers Lebenslauf jedenfalls ein Ansporn, der ihn zu einem eifrigen und lernbegierigen Schüler werden ließ. Zwischen den beiden entwickelte sich sogar, wie Niebuhr seinem Sohn später erzählte, eine innige Freundschaft. Mayers »Eifer, Niebuhr zu unterrichten war eben so groß, als der seines Schülers bei ihm zu lernen.« Wie dieser Unterricht vonstatten ging, auch darüber gibt es einen Bericht, er zeigt die besondere pädagogische Eignung Mayers. Er wusste aus eigener Erfahrung, was jemand, der an einer Sache wirklich interessiert ist, sich selbst beizubringen vermochte, wie Geschick und Unabhängigkeit dadurch zu erreichen waren. Also ließ er seinen Schüler, nachdem er ihn sorgfältig in die Funktionsweise der Instrumente eingeführt hatte, eigenständig seine Beobachtungen und Messungen machen und bei auftretenden Problemen erst selbst nach Lösungen suchen, bevor er ihm gegebenenfalls auf die Sprünge half.

Niebuhr trat nach Abschluss seines Studiums in dänische Dienste und hatte das große Glück, vom dänischen König 1761 als Kartograph in eine sechsköpfige Expeditionsgruppe nach Arabien berufen zu werden. Die Idee dazu war von dem Göttinger Orientalisten Johann David Michaelis ausgegangen, der sich erhoffte, durch diese Forschungsreise im Sinne der historisch-kritischen Religionswissenschaft Beweisstücke für den Wahrheitsgehalt der biblischen Erzählungen zu erhalten. Der offizielle Auftrag ging darüber indes weit hinaus. Die Expedition sollte der umfassenden Erforschung der bis dahin im Westen weithin unbekannten Region dienen und geographische, naturkundliche sowie philologische Erkenntnisse sammeln. Niebuhr oblag die geographische Erkundung und die Führung der Reisekasse. Mayer nahm großen Anteil an der Unternehmung seines Schülers und besorgte persönlich die Eichung des Quadranten, den Niebuhr für seine Messungen auf die Expedition mitnahm. Die Reise führte per Schiff nach Konstantinopel und über Land nach Kairo. Weiter ging es mit einer Karawane von Mekkapilgern über Suez nach Dschidda und danach über das Rote Meer nach Sana. Der Jemen sollte das Ziel der Reise sein, von dort aus die Arabische Halbinsel erforscht werden. Die Reise endete jedoch in einer Katastrophe. Alle fünf Begleiter Niebuhrs starben innerhalb eines Dreivierteljahres, die letzten beiden Gefährten auf und kurz nach der Überfahrt von Mokka nach Bombay, heute Mumbai. Auch Niebuhr erkrankte schwer, überlebte jedoch und musste die Expedition alleine zu Ende bringen. Er sicherte die Sammlungen und Aufzeichnungen der Kollegen und trug zusätzlich durch seine eigenen Arbeiten zum wissenschaftlichen Erfolg der Unternehmung maßgeblich bei. Von Mayer bestens ausgebildet nahm er zahlreiche astronomische Ortsbestimmungen vor, vermaß dabei auch die Cheopspyramide, zeichnete einen genauen Stadtplan Kairos und fertigte die erste präzise Karte des Roten Meeres wie auch des Jemen, die der Wissenschaft und der Schifffahrt für lange Zeit als verlässlichste Orientierung diente.

Die Instruktion Niebuhrs gestaltete Mayer nach der modernen, aber erst ein halbes Jahrhundert später von Wilhelm von Humboldt in seiner Berliner Universitätsreform festgezurrten Idee der Einheit von Forschung und Lehre. Durch die Göttinger Sternwarte stand ihm das nötige Instrumentarium für empirische Studien, in die er Niebuhr einbezog, zur Verfügung. Von den Monddistanztabellen, die daraus hervorgingen, fertigte Niebuhr noch vor ihrer Veröffent-

Mayers Sternwarte in Göttingen
Stammbuchblatt um 1800 von Heinrich Christoph Grape
Die Sternwarte wurde auf einem Turm der Stadtmauer im Süden
der Stadt errichtet.

lichung Abschriften an und nützte sie für die ersten Längengradbestimmungen auf dem Festland.

Sieht man von dieser außergewöhnlichen Konstellation ab, gestalteten sich Lehre und Forschung in unterschiedlichen Kreisen. Die Universitäten beschränkten sich weitgehend auf den Unterricht, während der Austausch der neuesten (natur)wissenschaftlichen Erkenntnisse in den Akademien und wissenschaftlichen Gesellschaften wahrgenommen wurden. Die *Royal Society of London for Improving Natural Knowledge*, 1660 in London gegründet, wie auch die Pariser *Académie des sciences*, 1666 als informelle Begegnungsstätte für Forscher geschaffen, dienten als Vorbilder, denen bald weitere Gesellschaften in anderen Ländern folgten. Im deutschen Raum waren die *Leopoldina,* 1677 als Akademie des Heiligen Römischen Reiches anerkannt, sowie die von Leibniz angeregte *Königlich Preußische Societät der Wissenschaften* in Berlin die Vorläufer. Auch in Göttingen wurde 1751, also 14 Jahre nach der Gründung der Universität, eine eigene *Societät der Wissenschaften* geschaffen, aus der später die *Akademie der Wissenschaften zu Göttingen* hervorging. Sie war eng mit der Universität verbunden, aber unabhängig von ihr. In dieser königlich anerkannten Gesellschaft konzentrierte sich der wissenschaftliche Austausch. Wie ihre Vorbilder war sie in drei Klassen gegliedert, eine mathematische, eines physikalische und eine historisch-philologische. Initiiert wurde sie von dem Mediziner und Pflanzenphysiologen Albrecht von Haller, der auch ihr erster Präsident wurde, und dem Orientalisten Johann David Michaelis, der Niebuhrs Forschungsreise initiiert hatte und den Posten des Sekretärs übernahm. Die Zahl der Mitglieder war sehr klein gehalten. Jede der drei Klassen umfasste nur ein ordentliches und ein außerordentliches Mitglied, außerdem neun auswärtige Mitglieder. Hinzu kamen drei Ehrenmitglieder, die insbesondere aus dem Kreis der hannoveranischen Geheimräte stammten. Als prominentestes Mitglied konnte der Präsident der Royal Society Graf von Macclesfield gewonnen werden. Von den 24 Professoren der Universität waren also nur sieben, den Präsidenten von Haller eingeschlossen, an der *Societät* beteiligt. Tobias Mayer war einer davon. Den Kern der Arbeit bildeten die monatlichen Versammlungen. Sie fanden am ersten Samstag im Monat von 14 bis 17 Uhr in der Wohnung des Präsidenten statt. Dabei wurden in Vorträgen die neuesten Forschungsergebnisse vorgestellt und Schreiben verlesen, die der Akademie zu den verschiedensten Themen zugegangen waren. Auf Antrag konnten auch junge Dozenten, durchreisende Gelehrte und sogar Studenten, die sich ausgezeichnet hatten, teilnehmen. Wie üblich, lobte die Akademie regelmäßig Preisfragen aus. Sie waren gut dotiert, Arbeiten einreichen durften aber nur Nichtmitglieder.

Tobias Mayer war von Anfang an ein tragendes Mitglied der *Königlichen Societät* und brachte sich regelmäßig mit Vorträgen in lateinischer Sprache ein, die später in deren Schriftenreihe, den

Commentarii Societatis Regiae Scientarium Gottingensis, publiziert wurden und über die das allgemeine Publikum durch die *Göttingischen Anzeigen von gelehrten Sachen* unterrichtet wurde. Anfangs griff er dabei auf Arbeiten aus seiner Nürnberger Zeit zurück. Dazu zählten seine *Mitteilung über die Verbesserung der geographischen Breite von Nürnberg* sowie seine *Astronomischen Beobachtungen in Nürnberg in den Jahren 1749 und 1750*. Bald aber schon konnte er mit neuen Forschungsergebnissen aufwarten, für deren Untermauerung er mit anderen Gelehrten, allen voran mit dem berühmten Mathematiker Leonhard Euler in einen ausgiebigen Briefwechsel trat. In den gut zehn Jahren seiner Lehrtätigkeit in Göttingen brachte es Mayer auf mehr als ein Dutzend Vorträge, in denen er stets Neues und Grundlegendes zu präsentieren wusste. Im Mittelpunkt standen dabei seine Arbeiten zur Mondtheorie, die mit falschen, aber verbreiteten Vorstellungen aufräumten und ein neues Bild des Erdtrabanten zeichneten.

Voraussetzung für all diese Forschungen war allerdings die Fertigstellung der lange geplanten Sternwarte. Die aber zog sich hin. Das lag nicht nur an Problemen bei der Erstellung des Gebäudes aufgrund von Materialmangel und Schlampereien der Bauleute, die nicht hingenommen werden können. Der ganze bauliche Aufwand, der für die Sternwarte betrieben wurde, hatte schließlich nur dann Sinn, wenn am Ende optimale Beobachtungsbedingungen gegeben waren. Es lag auch an Schwierigkeiten bei der Ausstattung mit den notwendigen Präzisionsinstrumenten. So verzögerte sich die Lieferung eines Quadranten und zweier Uhren. Am Ende musste Mayer selbst die Gradeinteilung des Instrumentes vornehmen, um überhaupt mit seinen Messungen beginnen zu können. Immerhin gelingt es ihm, für einen Mauerquadranten, den er sich ausbedingt, mit John Bird in London einen der berühmtesten Instrumentenbauer der Zeit zu beauftragen, der auch die Sternwarte in Greenwich ausgestattet hat. Die zusätzlichen Kosten, die dafür entstehen, werden von König Georg II. genehmigt. Das größte Problem, mit dem Mayer zu kämpfen hat, ist jedoch sein Co-Direktor Johann Andreas Segner. Segner ist nicht nur 16 Jahre älter als Mayer, er wirkt auch bereits seit der offiziellen Einweihung der Universität als Physikprofessor und spielt die zentrale Rolle im Sternwartenprojekt. An seiner fachlichen Qualifikation gibt es keinen Zweifel, wohl aber an seiner Rechtschaffenheit. Die Klagen der Kollegen ziehen sich wie eine Litanei durch die Berichte über ihn. Seine große Gelehrsamkeit werde geschätzt, so der hannoveranische Bibliothekar Scheidt, aber seine Quertreiberei sei sehr lästig. Ein Beweggrund für seine Misanthropie scheinen verletzte Eitelkeit und ein gesteigertes Geltungsbewusstsein gewesen zu sein. Segner lebe, wie der Kopenhagener Student Bärens berichtet, »mit dem Hr. Professor Hollmann in offenbahrer Feindschaft [...], weil dieser einen zehnmahl stärckern Zulauf in der Experimental-Physik hat als er, der doch Professor der Physik ist.« Selbst gegenüber seinem Schwager Albrecht von Haller, dessen Nachfolge als Präsident der Königlichen Societät der Wissenschaften er gerne angetreten hätte, sei er einer von dessen »missgünstigsten Gegner«. Auch Mayer, der von sich selbst sagte, dass er »kein Freund vom Streiten« sei, beklagt sich bitter über seinen Kollegen. Er hegt den Verdacht, dass Segner in der Sternwarte die Uhr verstelle, was die Genauigkeit seiner Himmelsbeobachtungen nachhaltig beeinträchtige. Die Einweihung der Sternwarte zieht sich so oder so bis zum Frühjahr 1754 hin und auch dann ist sie noch nicht vollständig eingerichtet. Es dauert noch ein weiteres halbes Jahr, bis alles geregelt ist und Mayer endlich ungestört die Arbeit darin aufnehmen kann.

13
DER DISKURS

So einsam und allein auf sich gestellt Mayer seine Beobachtungen des Mondes und der Sterne in Hunderten von Nächten vorgenommen und anschließend in diffizilen Rechenoperationen ausgewertet haben mag, so sehr war er für die Klärung der Voraussetzungen seiner Untersuchungen und der Schlussfolgerungen, die er daraus zog, auf den Diskurs mit seinen Fachkollegen angewiesen. Das zeigte sich schon in seinen jungen Jahren, als er noch in Nürnberg als leitender Angestellter beim *Homännischen Verlag* tätig war. Mit der Aufgabe konfrontiert, die Qualität der Landkarten so zu steigern, dass sie den Rang und die Einnahmen des Verlages auf Dauer sicherten, wandte er sich an den Kartographen und Astronomen Joseph-Nicolas Delisle. Der stammte aus einer französischen Gelehrtenfamilie. Schon sein Vater Claude Delisle hatte sich, obwohl von Hause aus Jurist, der Geschichte und Geographie verschrieben. Seine dabei entwickelte Leidenschaft für die Kartographie gab er an seine Söhne weiter, die alle Mitglieder in diversen Akademien wurden. Der älteste, Guillaume de l'Isle, avancierte unter Ludwig XIV. sogar zum königlichen Geographen. Seine Deutschlandkarte von 1701 nahm Mayer als Vergleichsobjekt für seine *Mappa Critica*. Ein anderer Sohn, Louis de l'Isle, war Teilnehmer der Großen Nordischen Expedition, die von 1733 an unter Leitung von Vitus Bering Sibirien und die nördlichen Küsten des russischen Reiches erforschte. Er starb bei der Erkundung der Nordostpassage an Skorbut.

Der Einzige der gelehrten Familie, der noch lebte, als Mayer die Bühne betrat, war Joseph-Nicolas Delisle. Er war 35 Jahre älter als Mayer, was diesen jedoch nicht hinderte, ihn im Jahr 1747 anzuschreiben. Da war Delisle nach gut zwanzigjähriger Tätigkeit an der Akademie von Sankt Petersburg gerade wieder nach Paris zurückgekehrt. Der Kontakt war über Mayers Dienstherrn Johann Michael Franz zustande gekommen, der schon länger mit ihm im Austausch stand. Der Briefverkehr zwischen den beiden dauerte von August 1748 bis Januar 1751, also bis zum Wechsel Mayers nach Göttingen, und war rein fachlicher Natur. Insgesamt sind zehn Briefe überliefert, vier von Mayer und sechs von Delisle. Ein zentrales Thema ihrer auf Französisch geführten Korrespondenz war die Bestimmung der geographischen Koordinaten ausgewählter Orte, was sie praktischerweise am Exemplum ihrer eigenen Wirkungsstätten Paris und Nürnberg erörterten. Daneben tauschten sie die Ergebnisse ihrer Beobachtungen von Mond- und Sonnenfinsternissen aus und diskutierten die in Frankreich gerade aktuelle Frage, wie sich die Kugelgestalt der Erde letztlich genau darstelle.

In Göttingen angekommen, begann Mayer einen weiteren Briefwechsel. Er war erheblich umfangreicher, auch komplexer und intensiver und noch näher an der vordersten Front des wissenschaftlichen Diskurses. Briefpartner dabei war der Schweizer Mathematiker und Universalgelehrte Leonhard Euler. Auch er war eine Generation älter als Mayer und hatte große Teile seines Lebens in Sankt Petersburg verbracht. In den Jahren 1751 bis 1755, als Mayer sich mit ihm austauschte, war Euler eine tragende Säule der *Preußischen Akademie der Wissenschaften zu Berlin,* die Mayer gerne in ihren Reihen gewusst hätte. Von der Korrespondenz der beiden haben sich 31 Briefe erhalten, wobei der Terminus Brief nur für die äußere Form gelten kann. Denn im Grunde sandten sich die beiden lange, sorgfältig ausgearbeitete Abhandlungen vornehmlich zu astronomischen Fragestellungen zu, wobei Euler mehr die theoretische Perspektive, Mayer hingegen den empirischen Ansatz vertrat. Den größten Raum im gemeinsamen Nachdenken nahm die Theorie des Mondes ein. Aus Beobachtungen waren die Unregelmäßigkeiten seiner Bahn schon lange bekannt. Die Frage aber war, woran das lag. Darüber zerbrachen sich die Astronomen überall den Kopf. Eine stimmige Erklärung musste gefunden werden, wenn man den Lauf des Mondes verlässlich voraussagen wollte, weil er nur dann als Element der Längengradbestimmung genutzt werden konnte.

Bei ihren kritischen Räsonnements, die von mathematischen Gleichungen durchzogen sind, diskutierten die beiden alle verfügbaren Daten und Thesen, die ihre Zeitgenossen wie Alexis Clairaut in Paris, aber auch die wichtigsten Astronomen des vorangegangenen Jahrhunderts wie John Flamsteed in seinem Observatorium in Greenwich, bereitgestellt hatten. Tobias Mayer ging sogar noch weiter zurück und überprüfte die Überlegungen anhand der Berichte der antiken Autoren. Dabei fiel ihm auf, dass bei den Daten von Claudius Ptolemäus etwas nicht stimmen konnte. Die Frage war, ob hier nur ein bedauerlicher Messfehler vorlag oder die Daten so eingerichtet worden waren, dass sie die proklamierte Theorie stützen sollten. Mayers Schlussfolgerung anhand der Indizien war eindeutig. Er räumt ein, dass Ptolemäus die Fehler in seinen Tabellen der Äquinoktien, also Tag-und-Nacht-Gleichen, erkannt hat. Da er aber bereits sein ganzes System auf die Daten aufgebaut habe, »gab er die falschen Aequinoctia seiner Tabellen für wahre und observierte aus.« Mayer zeigt sich empört ob dieser offensichtlichen Fälschungen, stellt aber zugleich nüchtern fest: »Man hat mehrere und neuere Exempel, dass ein Astronom aus allzu großer Liebe gegen sein Gebäude falsche Observationen fingiert.« Bei Johan Philip Lansberg, der die kopernikanische Lehre in den Niederlanden vertreten hatte, und bei Giovanni Baptista Riccioli, von dem eine der gebräuchlichsten Mondkarten stammte, sei dies gewiss. Um wieviel leichter sei es dagegen für Ptolemäus gewesen, in diesen Fehler zu verfallen, da er sich kaum habe vorstellen können, »dass man jemals durch genauere Observationen hinter seinen Betrug werde kommen können.« Den Beobachtungen des Ptolemäus von den Äquinoktien sei jedenfalls »kein Glauben beyzumessen.« Immerhin konnte durch diese geradezu kriminalistische Datenanalyse dessen Theorie von den ungleichen Sonnenjahren vom Tisch gefegt werden. Der Betrug des Ptolemäus bestärkte Mayer jedenfalls, weiterhin auf eine genaue Datenerhebung größten Wert zu legen. Und der Austausch mit Euler half ihm, sie in den theoretischen Kontext passend einzuordnen.

Neben dem persönlichen Austausch im Briefverkehr gab es in Göttingen mit der *Societät der Wissenschaften*, der einzigartigen Bibliothek und den *Göttingischen Anzeigen von gelehrten Sachen* drei weitere Einrichtungen zur Pflege des akademischen Diskurses. Alle drei waren Bestandteil des Bemühens, der jungen Universität die notwendigen Voraussetzungen für ihre Arbeit zu verschaffen und die erwünschte Anerkennung sowohl bei den Gelehrten wie bei den Studenten zu gewinnen, was in kürzester Zeit außerordentlich gut gelang. Die *Societät* war das Forum, in dem Mayer seine neuesten Forschungen vortragen und erste Reaktionen einholen konnte. Für die Teilnahme an den Sitzungen gab es ein Honorar, um sicherzustellen, dass sie regelmäßig wahrgenommen wurden. Die Gelder dafür wurden aus den Erlösen der *Göttingischen Anzeigen* genommen, deren Herausgabe der *Societät* übertragen war. Die Anschaffungslisten der Bibliothek wiederum waren Ausgangspunkt für die Buchrezensionen, die den Hauptbestandteil der Zeitschrift ausmachten. Im Dreiecksverhältnis von wissenschaftlicher Akademie, Gelehrtenzeitschrift und Bibliothek gelang es so, ein Netzwerk zu etablieren, das den Anschluss an die wissenschaftliche Welt sicherstellte.

Mehr noch über die *Göttingischen Anzeigen* als durch die *Societät* konnte sich Mayer über die neuesten astronomischen Forschungen orientieren, die insbesondere in London und Paris, Berlin und St. Petersburg vorangetrieben wurden. Internationalität war geradezu ein Kennzeichen der Zeitschrift, die pro Woche dreimal geliefert wurde. Das garantierte Aktualität und eine fortlaufende Informationsbasis, die im Laufe eines Jahres auf über tausend Seiten anwuchs und dann mit einem Register versehen wurde. Die *Anzeigen von gelehrten Sachen* waren ein Wissensportal zum aktuellen Stand der Forschung. Sie reihten sich ein in eine Serie von gelehrten Zeitschriften, in der das Pariser *Journal des Savants* und die *Philosophical Transactions* der *Royal Society* in London den Anfang gemacht hatten. Wie diese boten auch die *Anzeigen* den Überblick über neue wissenschaftliche Publikationen in ganz Europa und teilweise auch darüber hinaus und machten Göttingen neben Leipzig, Frankfurt am Main, Hamburg, Halle und Jena zu einem weiteren zentralen Ort des Wissenstransfers in Deutschland. Sie gaben nicht nur bibliographische Hinweise auf Neuerscheinungen, sondern referierten darüber hinaus deren Inhalte. Auch Mayers Publikationen, die zumeist in den *Commentarii*-Bänden der *Societät* erschienen, wurden regelmäßig in der Göttinger Zeitschrift vorgestellt. Dass es einen expandierenden Markt für derartige Gelehrtenblätter gab, zeigt an, wie sich das wissenschaftliche Geschäft geändert hatte. Es konnte an den Universitäten nicht mehr darum gehen, alte Weisheiten und überkommene Lehrstoffe auszubringen. Es galt, sich über neue Erkenntnisse und Forschungsergebnisse, die sich seit der Erfindung des Buchdrucks immer mehr und immer schneller anhäuften, auf dem Laufenden zu halten und am Diskurs darüber teilzuhaben. Für Mayer, der sein ungeheures intellektuelles Aufnahmevermögen schon als Jugendlicher unter Beweis gestellt hatte und dessen Diskussionslust im Briefwechsel mit Euler deutlich erkennbar ist, fühlte sich in diesem Kommunikationssystem der modernen Wissenschaft sehr zuhause.

Waren die *Göttingischen Anzeigen von gelehrten Sachen* das Wissensportal zur zeitgenössischen Forschung, so musste die Bibliothek zusätzlich den Anschluss an die Klassiker herstellen. In Mayers Briefen und Publikationen fällt auf, wie weit zurück sein Blick in die Geschichte der Astronomie ging. Wie die Auseinandersetzung mit den Behauptungen des Ptolemäus zeigte, war Mayer vor bloßem Namedropping gefeit. Er setzte sich mit den jeweiligen Thesen im Detail auseinander. Dafür aber mußten in der Bibliothek die entsprechenden Werke bereitstehen. Das war nicht selbstverständlich, denn die Ansprüche Mayers waren hoch. Er wollte nicht nur auf die gängigen Klassiker zurückgreifen, sondern verlangte auch nach den arabischen Autoren, die die Brücke zwischen der Antike und der Gelehrtenwelt im mittelalterlichen Europa gebildet hatten. Um zu zeigen, dass sich der Mond tatsächlich immer schneller bewegt und seine eigenen Mondtabellen, an denen er seit dem Wechsel nach Göttingen arbeitet, dies korrekt wiedergeben, untersucht er zwei Sonnenfinsternisse, die am 13. Dezember 977 und am 8. Juni 978 in der Nähe von Kairo aufgezeichnet wurden. Er kann zu seiner großen Beruhigung feststellen, dass die überlieferten Daten mit seinen eigenen Berechnungen, die das System seiner Sonne- und Mondtabellen konstituieren, perfekt übereinstimmen. Tobias Mayer ist damit drauf und dran, eines der meistdiskutierten Probleme der modernen Astronomie zu lösen.

14
DIE KARRIERE

Mayer hat sich in die akademische Welt der Universität erstaunlich rasch eingefunden und einen unangefochtenen Platz in dem von Eitelkeiten keineswegs freien wissenschaftlichen Umfeld eingenommen. Seine Mitgliedschaft in der *Societät der Wissenschaften* wird wertgeschätzt, seine regelmäßigen Beiträge in deren Schriftenreihe, die ihm internationales Renommee verschaffen, dankbar angenommen. Die Sternwarte, zentrales Instrument seiner astronomischen Beobachtungen, ist fertiggestellt und Mayer könnte endlich den weiteren Forschungen nachgehen. Sein Leben hätte nun in ruhigeren Bahnen verlaufen können. Da erhält er im August 1754 ein Schreiben aus Berlin, auf Französisch verfasst vom Präsidenten der Königlich Preußischen Akademie der Wissenschaften Pierre de Maupertuis. Darin steht:
»Monsieur,
mein Bestreben, den Ruhm der Königlichen Akademie der Wissenschaften zu vermehren und meine Überzeugung, dass Niemand mehr dazu beitragen könnte als Sie, haben mich dazu veranlasst, den Direktor, Herrn Euler, zu bitten Ihnen einige Angebote zu machen. Er versichert mir, dass Sie ein jährliches Honorar von 650 Reichstalern zuzüglich 100 Reichtalern für Reisekosten akzeptiert und versprochen haben, unter dieser Voraussetzung im nächsten Oktober hierher zu kommen. Die mit Herrn Euler getroffene Vereinbarung bestätige ich hiermit aufs Neue und zur weiteren Bezeugung unserer Wertschätzung für Sie und damit Sie eine noch vorteilhaftere Stellung erlangen, habe ich die Ehre, Ihnen mitzuteilen, dass Ihr Honorar 700 Reichstaler einschließlich freier Unterkunft sein wird und Sie 100 Reichstaler für die Reise erhalten werden. Ich ersuche Sie, so schnell wie möglich hierher

zu kommen, und es ist für mich eine große Freude, dass ich mich neben der Gewinnung eines Mannes Ihrer Größe für die Akademie auch rühmen darf, Sie als Freund empfangen zu dürfen. Mit vorzüglicher Hochachtung bin ich Ihr ergebener und gehorsamer Diener Maupertuis.«

Pierre de Maupertuis hatte wie Mayer schon in jungen Jahren Aufmerksamkeit erweckt, war mit 25 Jahren in die *Pariser Akademie der Wissenschaften* und bald auch in die *Royal Society* gewählt worden. In der Diskussion über Newtons Gravitationstheorie, die auf dem Kontinent mit einiger Skepsis aufgenommen wurde, schlug er sich nach ausgiebigen Studien auf die Seite des Engländers. Insbesondere wies er die Vorstellung seiner französischen Kollegen zurück, die aufgrund ihrer Hochrechnungen aus der Landesvermessung behaupteten, die Gestalt der Erde gliche eher einem Ei denn einer Kugel. Als er Newtons Theorie der Polabplattung durch eigene Messungen des Meridianbogens auf einer Expedition nach Lappland belegen konnte, war dies ein Triumph. Friedrich II. von Preußen trug ihm auf Empfehlung Voltaires die Leitung der *Preußischen Akademie der Wissenschaften* an, die er schließlich 1746 übernahm. Als Mathematiker, Geodät und Astronom beschäftigte er sich mit ähnlichen Fragen wie Mayer. So veröffentlichte er einen *Diskurs über die Parallaxe des Mondes* – ein Problem, zu dem Mayer gerade selbst neue Forschungsergebnisse beizutragen hatte. Dass Maupertuis den Kollegen in Göttingen für seine Akademie in Berlin gewinnen wollte, wundert daher nicht. Das Angebot stand auch schon länger in Raum. Wie in solchen Prozessen üblich, hatte Leonhard Euler vorgefühlt und geprüft, ob Mayer überhaupt für einen Wechsel ansprechbar war. Mayer war es aus mehreren Gründen. In Berlin stand ihm für seine Arbeiten eine bereits fertig ausgestattete Sternwarte zur Verfügung. Das Gehalt war deutlich höher als in Göttingen, dazuhin mit einer freien Wohnung verbunden. Vor allem aber konnte er sich auf die Forschung konzentrieren und war von der Lehre, die ihn viel Zeit kostete, befreit. Die einzige Verpflichtung bestand darin, an den wöchentlichen Sitzungen der Akademie teilzunehmen und gelegentlich selbst einen Vortrag einzubringen. Was sollte ihn also halten?

Der Reiz der Veränderung wurde noch größer, als kurz danach ein weiteres Angebot eintraf. Nicht nur die Akademie in Berlin, auch die in St. Petersburg wollte Mayer für sich gewinnen. Dieses Angebot wurde gleichfalls von Euler, der selbst viele Jahre an der russischen Akademie geforscht hatte, überbracht. Es war noch großzügiger dotiert und bot noch größere Freiheiten als Berlin. Euler bat Mayer gleichwohl, den Berlinern den Vorzug zu geben, was der ohne zu zögern befolgte. Nur wenige Tage nach Erhalt des Briefes aus Berlin unterrichte Mayer den Kurator der Universität, Adolf Gerlach von Münchhausen, von der Berufung und bittet darum, dem statt zu geben. Er bietet an, gerne als auswärtiges Mitglied auch weiterhin der *Königlichen Societät der Wissenschaften* angehören zu wollen und »mit größtem Vergnügen ohnentgeltlich meine Beyträge ferner zu liefern.« Bei Münchhausen klingeln jedoch die Alarmglocken. Die neue Sternwarte stand nach vielen Jahren der Planung und Vorbereitungen kurz vor der Fertigstellung und Mayer war derjenige, der am besten daraus Nutzen ziehen, ihr wissenschaftlichen Glanz verleihen konnte. Das hatte sich bereits in den *Commentarii*, den Publikationen der *Societät* gezeigt, die in Zahl und Bedeutung von Mayers Beiträgen wie von keinem anderen Akademiemitglied profitierten. Diesen wertvollen und auch weiterhin vielversprechenden Wissenschaftler wollte man auf keinen Fall verlieren, zumal kurz zuvor mit dem Mediziner Albrecht von Haller ein anderes Aushängeschild der Universität und zudem auf Lebenszeit gewählter Präsident der *Societät* die Hochschule verlassen hatte und in das heimatliche Bern zurückgekehrt war.

Münchhausens Vorbehalte gegenüber einer Freigabe werden von dem Orientalisten Johann David Michaelis, Kollege Mayers in der philosophischen Fakultät und als Sekretär der *Societät* in herausragender Stellung in der gesamten Universität, in einem Brief an Münchhausen nachhaltig geteilt: »Die Gesellschaft schuldet Mayer viel. Ganz allgemein jedoch glaube ich auch, daß die Universität nie wieder jemanden wie ihn finden wird, wenn sie ihn einmal verloren hat. Er ist ein echter Mathematiker, kein Empiriker wie der verstorbene Professor Penther, der sich nur mit nebensächlichen praktischen Dingen und nie mit großen Problemen beschäftigte. Er ist auch in der Ausführung seiner Ideen besser als Segner, dem ansonsten als rein spekulativer Mathematiker keine Erfahrung fehlt. Ferner verfügt Mayer über eine bessere schriftliche Ausdrucksweise, vor allem ist sein Latein besser, klarer und wirklich prägnanter als das irgendeines zeitgenössischen Mathematikers, den ich kenne. Sollte seine Bestimmung der Länge auf See in England anerkannt werden, könnte das verlorene Ansehen nie wieder ersetzt werden.«

Die Regierung in Hannover musste etwas unternehmen, wenn sie Mayer halten wollte. Sie war ohnehin der Meinung, dass »zu viele schlechte Dozenten in Mathematik lesen.« Sie bittet Michaelis daher, auf Mayer einzuwirken und versammelt alle möglichen Argumente für seinen Verbleib in Göttingen. Zunächst ist sie bemüht, die vermeintlich vorteilhafte Stellung in Berlin madig zu machen. Vergleiche man die Situation mit Göttingen müsse man auf die besondere »Theuerung« in Berlin hinweisen sowie auf die außerordentliche »Gewalt des Herrn v. Maupertuis«, von der alle abhängig seien und dessen Ungnade, die aus oftmals kleinen Ursachen erwachse. Überhaupt würden die Bediensteten dort sehr eng gehalten. In Göttingen sei das genaue Gegenteil der Fall. Dann versucht sie es mit einer Drohung, indem sie auf die Haltung des Kurfürsten und Königs als oberster Instanz der Universität verweist: dass »Unser allergnädigster Herr es höchst ungnädig nehmen werden, wenn jemand die Königl. Preußische Dienste den Ihrigen vorziehen würde.« Man könne aus vorangegangenen Erfahrungen daher davon ausgehen, dass er die Freigabe »rotunde« abschlagen würde. Schließlich markierte die Regierung den Spielraum für eine Gegenofferte. Mayers Gehalt solle um 150 Reichstaler aufgestockt werden, so dass er pro Jahr auf insgesamt 700 Reichstaler kommt, was genau dem Angebot aus Berlin entspricht. Hinzu kämen eine Zulage für die Arbeit in der *Societät* und Kollegiengelder. Vor allem aber wird ihm angeboten, alleiniger Direktor der Sternwarte zu werden und so von den Zwisten mit dem Kollegen Segner befreit zu sein. Die Verhandlungen scheinen sich recht zäh zu entwickeln, denn eine Woche darauf wird das versprochene Gehalt um weitere 50 Reichstaler erhöht. Damit sind die Würfel gefallen. Mayer bleibt.

Im Herbst 1754 wird Segner von seinem Amt als Co-Direktor der Sternwarte entbunden und vom Kurator Münchhausen aufgefordert, seine Schlüssel zur Sternwarte »friedlich« an Mayer zu übergeben. Segner lenkt ein und hält in einer Aktennotiz fest: »Die Übergabe derselben ist akzeptiert worden und fand in der Tat friedlich statt, denn ich habe nichts gegen Herrn Professor Mayer. Seit seiner Ankunft bis heute habe ich ihm mehr Günste erwiesen, als er ahnt.« Das Problem Segner erledigte sich endgültig, als er wenig später an eine andere Universität, immerhin nach Halle, in allen Ehren wegberufen wurde.

Das deutlich erhöhte Gehalt erlaubt Mayer, sich auch um eine bessere Unterkunft für seine Familie zu kümmern. Wo er die ersten Jahre nach seiner Ankunft in Göttingen verbracht hat, ist unbekannt. Nun aber unternimmt er den Versuch, für sich und seine wachsende Familie ein Haus zu erwerben. Die Regierung in Hannover ist bereit, ihm dabei zu helfen und bietet ein zinsfreies Darlehen in Höhe von 800 Reichtalern an, die innerhalb von sechs

Jahren in Raten zurückzuzahlen sind. Der Kauf kommt offenbar nicht zustande. Zwei Jahre darauf und zwei Kindsgeburten später klappt es endlich. Mayer erwirbt das sogenannte Hildebrandische Haus in der Langen Geismarstraße unweit der Sternwarte. Es dürfte in der dreistufigen Klassifizierung der Gebäude in Göttingen zur höchsten Klasse, den »Großen Häusern« mit mehreren Geschoßen und midestens 180 Quadratmetern Wohnfläche zu zählen sein, liegt aber im weniger vornehmen Pfarrbezirk St. Albani in der Neustadt. Mayer muss dafür eine Hypothek von 900 Reichtalern bei der Stadt und ein Darlehen von 300 Reichstalern von Seiten der Regierung aufnehmen. Das Gebäude erhält 1864 die Hausnummer 50. Es bietet ihm nun ausreichend Raum für seine Familie, seine Studien und auch für die Kollegien, die von den Professoren gewöhnlich in ihren Privathäusern abgehalten, dafür aber durch Extraeinnahmen honoriert wurden.

15
DIE VERMESSUNG DES MEERES

Als Mayer sich entschieden hatte, in Göttingen zu bleiben, lag sein größter wissenschaftlicher Erfolg gerade vor ihm. Mit seinen Mondstudien hatte er die Voraussetzungen für die Lösung einer der drängendsten Fragen der Seefahrt geschaffen. Schon immer hatten die Kapitäne und Steuerleute auf hoher See Probleme mit der Navigation. Die immergleiche, endlose Weite des Meeres, der Wechsel der Strömungen und Winde, der verdeckte Himmel und wiederkehrende Stürme machten es beinahe unmöglich, die Position des eigenen Schiffes hinreichend genau zu bestimmen. Seit den großen Welterkundungen von Kolumbus und Amerigo Vespucci, Vasco da Gama und anderen hatte sich das Problem noch gesteigert. Nicht nur die Räume, die von den Seefahrern durchmessen wurden, waren immer größer geworden, der Schiffsverkehr insgesamt zwischen Europa, Afrika, Amerika und Asien hatte sich immens ausgedehnt und war mittlerweile zum Rückgrat der europäischen Wirtschaft geworden. Der Aufstieg Spaniens, Portugals, Englands, Frankreichs und der Niederlande zu führenden Wirtschaftsmächten gründete im Wesentlichen auf ihrem Status als Seefahrernationen und den überseeischen Handelsbeziehungen, die sie etablierten. Entsprechend wertvoll waren die Ladungen, die von Kontinent zu Kontinent transportiert wurden und gewaltig der Schaden, wenn Schiffe verloren gingen, von den Seeleuten ganz zu schweigen. Neben den Naturgewalten und der Piraterie war es insbesondere die ungenügende Technik der Navigation, die zu Verlusten führte. Tragische Schiffsunglücke hatten den Regierungen der Seenationen immer wieder die Dringlichkeit des Problems vor Augen geführt. Ein besonders unglücklicher Fall ging 1707 in die Schifffahrtsgeschichte ein, als vier Kriegsschiffe der englischen Flotte auf ihrer Rückfahrt von Gibraltar nur zwanzig Meilen vor der Südwestspitze Englands bei den Scilly-Inseln aufgrund schlechter Sicht und hereinbrechender Dämmerung die Felsen rammten und sanken. Der kommandierende Admiral Sir Clowdisley Shovell hatte die Position seines Flottenverbandes weiter westlich vermutet, als es tatsächlich der Fall war. 1450 Seeleute, darunter der Admiral selbst, fanden den Tod.

Das Problem, vor dem die Seefahrer und mit ihnen die Schiffseigner, Kaufleute, Versicherer, ja, alle Seemächte standen, war die Bestimmung des Längengrades. Für geübte Steuerleute war es ein Leichtes, den Breitengrad festzustellen, auf dem sich ihr Schiff gerade befand. Dazu bedurfte es bei Tag nur der Kenntnis von Datum, Tageszeit und Sonnenstand und bei Nacht der Ermittlung der Höhe einzelner Sterne über dem Horizont. Zusammen mit einem Kompass ließ sich ein Schiff auf diese Weise schnurstracks über die Meere steuern. Anders hingegen war es mit dem Längengrad. Hier genügte der Tageslauf der Sonne oder der Stand der Sterne nicht. Um die Position auf dem Längengrad zu bestimmen, musste die Distanz zu einem Ort, dessen Länge bekannt ist, gemessen werden. Und dies geschah über eine Zeitmessung. Der Zeitunterschied zwischen zwei Orten beruht auf der Drehung der Erde um ihre eigene Achse. Für eine Drehung um 360 Grad benötigt die Erde 24 Stunden. Eine Stunde Zeitunterschied zwischen zwei Orten entspricht damit einer Längendistanz von 15 Grad. Soll daher die räumliche Distanz zwischen zwei auseinander liegenden Orten bestimmt werden, muss daher die jeweilige Ortszeit im gleichen Moment festgehalten und verglichen werden. Aus dem Unterschied lässt sich dann die Entfernung ableiten. Wie aber sollte man den gleichen Moment der Messung verabreden? Das war nur möglich, in dem ein von beiden Orten aus sichtbares Himmelsereignis zu Hilfe genommen wurde. Dies waren, wie bei der astronomischen Bestimmung von Kartendaten gesehen, zumeist Mond- oder Sonnenfinsternisse. Deren Eintreten war schon lange im Voraus bekannt, so dass für die jeweiligen Ortsmessungen zwischen den Beobachtern nur noch der genaue Moment der Zeitnahme, etwa der Eintritt des Mondes in den Erdschatten, verabredet werden musste.

Für die Kartographie mochte dieses Verfahren ausreichen, für die Kapitäne und Steuerleute auf hoher See genügte es nicht. Sie konnten für ihre Positionsbestimmung nicht auf eine Mond- oder Sonnenfinsternis warten. Dazu traten diese viel zu selten auf. Und wie hätten sie vom Ergebnis des Vergleichsortes erfahren sollen? Die Seefahrer brauchten verlässlichere und praktischere Verfahren. Vorschläge dafür waren von Astronomen schon verschiedentlich unterbreitet worden. So hatte der Nürnberger Astronom Johannes Werner bereits 1514 die Idee erwähnt, die Distanz des Mondes zu den Sternen als Hilfsmittel zur Bestimmung des Längengrades zu verwenden. Der Gedanke führte auf die richtige Spur, scheiterte aber an ungenügenden Messmethoden. Galilei hingegen verwies auf die Möglichkeit, die Jupitermonde für die Navigation zu nutzen. Sie würden viele hundert Male im Jahr verfinstert. Aber auch dieses Verfahren scheiterte. Auch die Jupitermonde erschienen nicht oft genug, manchmal, wenn der Planet der Sonne zu nahekam, waren sie überhaupt nicht zu sehen. Außerdem war das Instrument, das Galilei für die Beobachtung entwickelt hatte, auf See zu ungenau. Und zu allem Überfluss machte sich das Problem der begrenzten Lichtgeschwindigkeit bemerkbar. Je nachdem, wie nah der Jupiter der Erde war, brauchte das Licht angesichts der immensen Entfernung, die es vom großen Planeten bis zum Beobachter zurücklegen musste, merklich länger oder kürzer, was zu Abweichungen zu den vorausberechneten Daten führte.

So sehr das Problem drängte, so wenig war eine Lösung in Sicht. Es musste aber etwas geschehen. Daher ergriff das englische Parlament die Initiative. Um den Wettbewerb der Forscher zur Klärung

(355)

Anno Duodecimo

Annæ Reginæ.

An Act for Providing a Publick Reward for such Person or Persons as shall Discover the Longitude at Sea.

Whereas it is well known by all that are acquainted with the Art of Navigation, That nothing is so much wanted and desired at Sea, as the Discovery of the Longitude, for the Safety and Quickness of Voyages, the Preservation of Ships and the Lives of Men: And whereas in the Judgment of Able Mathematicians and Navigators, several Methods have already been Discovered, true in Theory, though very Difficult in Practice, some of which (there is reason to expect) may be capable of Improvement, some already Discovered may be proposed to the Publick, and others may be Invented hereafter: And whereas such a Discovery would be of particular Advantage to the Trade of Great Britain, and very much for the Honour of this Kingdom: But besides the great Difficulty of the thing it self, partly for the want of some Publick Reward to be Settled as an Encouragement for so Useful and Beneficial a Work, and partly for want of Money for Trials and Experiments necessary thereunto, no such Inventions or Proposals, hitherto made, have been brought to Perfection; Be it therefore Enacted by the Queens most Excellent Majesty, by and with the Advice and Consent of the Lords Spiritual and Temporal, and Commons in Parliament Assembled, and by Authority of the same, That the Lord High Admiral of Great Britain, or the First Commissioner of the Admiralty, the Speaker of the Honourable House of Commons, the First Commissioner of the Navy, the First Commissioner of Trade, the Admirals of the Red, White, and Blue Squadrons, the Master of the Trinity-house, the President of the

Uuuu 2   Royal

Publikation des Längengradaktes in der Herrschaft von Queen Anne 1714

des Problems anzufachen, verabschiedete es im Sommer 1714 den sogenannten *Longitude Act*, der offiziell den Namen »The Act 12 Queen Anne, Cap. XV« trug. (Abb. Seite 170) Er sicherte denjenigen, denen es gelang, die Position von Schiffen auf dem Längengrad präzise zu bestimmen, einen hohen Preis zu. Was präzise bedeutete, wurde exakt definiert: Betrug die Ungenauigkeit maximal ein Grad, sollte die Preissumme 10.000 Pfund betragen, bei höchstens zwei Drittel Grad 15.000 Pfund und bei unter einem halben Grad, was auf Höhe des Äquators einer Distanz von rund 30 Seemeilen entsprach, 20.000 Pfund, in heutiger Währung ein zweistelliger Millionenbetrag.

Wie zu erwarten, gingen alsbald eine Reihe von Vorschlägen ein. So sollten entlang der wichtigsten Handelsrouten Feuerschiffe aufgereiht werden, was das Prinzip der Leuchttürme auf die hohe See übertrug. Abgesehen davon, dass der Aufwand hierfür viel zu teuer war, blieb auch ungeklärt, wir die Mannschaften auf den Feuerschiffen hätten versorgt werden sollen. Wirklichen Erfolg versprachen nur zwei Ansätze. Entweder es gelang, die Navigation mithilfe des Mondes und der Sterne endlich messtechnisch in den Griff zu bekommen. Oder aber jemand schaffte es, Uhren zu bauen, die auch auf See, bei Wetter, Wind und Wellen präzise liefen. Denn dann konnte die Zeit im Heimathafen, der als Nullmeridian genommen wurde, auf der Fahrt abgelesen und im Vergleich mit der Zeit an Bord die zurückgelegte Distanz ermittelt werden. Theoretisch war dieser Ansatz schon lange klar, nur war unklar, wie man solch eine Uhr konstruieren sollte. Pendeluhren kamen auf Schiffen angesichts des Wellengangs und wegen der großen Temperaturschwankungen nicht in Frage. Sie erreichten im Bestfall auch nur eine Genauigkeit von plus/minus zehn Sekunden pro Tag. Um die höchste Preissumme zu erhalten, durften sie jedoch maximal zwei bis drei Sekunden pro Tag abweichen. Das Ziel schien unerreichbar. Und doch machte

John Harrison mit seinen Uhren H 4 auf dem Tisch und H 3 im Hintergrund links
Kupferstich von Peter Joseph Tassaert, 1767

sich in England mit John Harrison ein Tischler daran, einen *Timekeeper*, wie er ihn nannte, zu bauen, der den Anforderungen entsprach. Harrison, 1693 in der Grafschaft Yorkshire geboren, verwandte auf diese Arbeit über 30 Jahre. Insgesamt entstanden im Laufe dieser Zeit vier Prototypen, die er mit den Initialen seines Namens als H1 bis H4 bezeichnete. Schon die erste Version, die er 1735 präsentierte, fand den Zuspruch des *Board of Longitude,* das für den Bau eines zweiten Instrumentes sogar 500 Pfund bereitstellte. 1759 sah er seine Uhr so weit ausgereift, dass er sie zur Erlangung des Preises offiziell einreichte. Das Board vereinte herausragende Vertreter aus Wissenschaft und Politik. Es hatte die Aufgabe, die eingereichten Vorschläge auf ihre Tauglichkeit hin zu prüfen und bei positiver Begutachtung dem Parlament zur Preisvergabe vorzuschlagen. Als

Harrison sein Instrument vorstellte, war seit der Ausschreibung bereits fast ein halbes Jahrhundert vergangen und noch immer keine befriedigende Lösung gefunden und akzeptiert worden.

Zu diesem Zeitpunkt hatte indes auch Tobias Mayer seinen Lösungsansatz hinreichend ausgearbeitet und dem Board in London bereits offiziell unterbreitet. Wiewohl selbst stets um die Verbesserung erforderlicher Instrumente bemüht, schlug Mayer den anderen Weg über die astronomische Vermessung ein. Sein Antrieb war allerdings nicht der ausgeschriebene Wettbewerb, sondern die Behandlung grundsätzlicher astronomischer Fragen im Umkreis des Mondes mit dem praktischen Ziel, die Kartographie zu perfektionieren. Dass sich daraus auch eine Lösung für das Längengradproblem ableiten ließ, war Mayer schon am Ende seiner Nürnberger Zeit bewusst, wie die Vorrede zu den vom ihm redigierten *Kosmographischen Nachrichten* belegt. Ende 1753, als er vor der *Societät der Wissenschaften* in Göttingen einen Vortrag über den *Gebrauch der Mondtafeln zur Bestimmung der Länge auf See* hielt, wusste er auch, wie es gelingen konnte.

So unterschiedlich die Lösungsansätze Harrisons und Mayers waren, so sehr verbanden sie ähnliche Hintergründe und Haltungen. Beide entstammten einfachen Verhältnissen und hatten sich ihre Kenntnisse autodidaktisch angeeignet. Wie bei Mayer verblüfft auch bei Harrison der ungeheure Wille und die unbegrenzt erscheinende Energie, mit der er sich in eine für ihn fremde Materie einarbeitete. War es bei Mayer das mathematische Lehrbuch Christian Wolffs, das er bis spät in die Nacht studierte und förmlich in sich aufsog, so eignete sich Harrison die Vorlesungen des Mathematikers Nicholas Saunderson von der Universität Cambridge an, indem er sie Wort für Wort kopierte, mit eigenen Überlegungen versah und so als theoretische Grundlage für seine technischen Erneuerungen nutzte. Mayer und Harrison haben sich nie persönlich kennengelernt. Nur das große, seit Jahrhunderten ungelöste Problem der Längengradbestimmung hat sie in Beziehung zueinander gebracht und durch zeitliche Koinzidenz zu Konkurrenten gemacht. Wären sie sich einmal begegnet, hätten sie sich wahrscheinlich gut verstanden. Die unbedingte Hingabe an die Sache, der Hang zu letzter Perfektion und die Verbindung von Neugier und Kreativität, die jeder Erfindung zugrunde liegt, hätte sie gewiss zu einem endlosen Austausch animiert.

Mayers Vorschlag zur Längengradbestimmung setzte die Lösung einer Reihe grundsätzlicher astronomischer Probleme voraus, mit denen sich bereits Generationen von Astronomen seit der Antike beschäftigt hatten und dabei letztlich doch zu keinen befriedigenden Lösungen gekommen waren. Die erste Schwierigkeit betraf, wie bereits gesehen, die Libration des Mondes, also sein inneres Schwanken, so dass keine verlässlichen Mondkarten existierten. Mayer löste das Problem durch Berechnung der Schwankungsbreiten auf der Basis zahlreicher Messungen und dadurch, dass er über den Mond ein ähnliches Gitternetz aus Längen- und Breitengraden legte, wie es für die Vermessung der Erde schon seit zweitausend Jahren üblich war. Diese Frage war für Mayer schon vor seinem Wechsel nach Göttingen gelöst. In die Überlegungen aufgenommen werden musste zusätzlich das Problem der Parallaxe des Mondes, der Umstand also, dass nicht nur seine Entfernung zur Erde variiert, sondern sich auch die Wahrnehmung seiner Bahn von Ort zu Ort verschiebt. Das musste bei den Tabellen, die den Seeleuten an die Hand gegeben werden sollten, berücksichtigt werden. Am meisten aber beschäftigte Mayer in den Jahren 1753 und 1754 ein Problem, das aktuell das gravierendste war. Es betraf die Umlaufbahn des Mondes. Auch sie wies Unregelmäßigkeiten auf, die auf die Gravitationsbeziehungen zwischen Sonne, Erde und Mond zurückzuführen waren, sich in einem Zyklus von rund 18 Jahren aber weitgehend ausglichen. Allerdings musste man auf längere Perioden, also auf Jahrhunderte hin, zusätzlich mit dem Phänomen einer grundsätzlichen Beschleunigung der Umlaufzeit des Mondes gegenüber der Erde rechnen. Wenn Mayer den Mond gleichsam als einen Zeiger an der Himmelsuhr verwenden sollte, dann musste dessen Position zu einem beliebig gewählten Zeitpunkt exakt vorberechnet werden können und alle Schwankungen dabei berücksichtigt werden. Das war ein gewaltiges Unterfangen, zumal nicht nur die Phänomene zunächst korrekt zu erfassen und zu beschreiben waren, sondern auch eine taugliche Erklärung ihrer Ursachen, sprich eine stimmige Mondtheorie, entwickelt werden musste. Damit beschäftigten sich alle führenden Astronomen der Zeit, der Schweizer Leonhard Euler in Berlin, die Franzosen Alexis Clairaut und Jean d'Alembert in Paris, der Königliche Astronom James Bradley in Greenwich und Mayer in Göttingen. Sie standen über Briefe und Schriften in permanentem Austausch miteinander. Während die meisten von ihnen sich von theoretischer Seite dem Problem näherten, vertraute Mayer vornehmlich auf seine Messungen. Auf der Grundlage einer mehr und mehr angereicherten Datenbasis und unter Berücksichtigung aller bekannten Variablen erstellte er schließlich in unendlichen Rechenoperationen seine verbesserte Mondtabellen, von denen er behauptete, dass sie die Navigation auf hoher See in einer Genauigkeit von einem halben Grad erlaubte, wie es der *Act of Longitude* für den höchsten Preis gefordert hatte.

Das Prinzip, das seiner Methode zugrunde lag, bestand in der Messung der Distanz zwischen dem Mond und ausgewählten Sternen, deren jeweilige Position zu bestimmten Uhrzeiten vorausgesagt und in Tabellen festgehalten wurde. Aus einer Winkelmessung, auf dem Schiff mittels Sextant oder Oktant vorgenommen, konnte dann dessen Position auf dem Längengrad abgeleitet werden. Das Verfahren war recht anspruchsvoll und bedurfte einiger

Übung. Es funktionierte auch nur bei klarer Himmelssicht und nicht bei Neumond.

Mayer trug seine Erkenntnisse im November 1753 erstmals in der *Sozietät der Wissenschaften* vor und veröffentlichte dazu auch seine Mondtabellen im zweiten Band der *Commentarii* der Akademie (Abb. Seite 177). Im Jahr darauf ließ er im dritten Band die Regeln zur Anwendung seines Verfahrens und seiner Tabellen folgen. Damit war sein Vorschlag zur Bestimmung des Längengrads in der Welt und konnte von allen, die damit umzugehen wussten, überprüft werden. Seine Berechnungen trafen hie und da auf Skepsis, fanden aber bald die Anerkennung seiner Kollegen. Leonhard Euler bezeichnete die Mondtafeln als »das größte Meisterwerk der theoretischen Astronomie.« Auch in England wurden sie rasch bekannt. Dort erschien im Sommer 1754 im *Gentleman's Magazine* ein ausführlicher und detaillierter Artikel über Mayers Aufsehen erregende Veröffentlichung. Nun musste die Bewerbung um den Längenpreis auch offiziell eingeleitet werden. Mayer zögerte noch. Deshalb kümmerte sich Johann David Michaelis als Sekretär der *Sozietät* darum und bat seinen Vetter William Philip Best in London um Unterstützung. Als einer der Privatsekretäre von König Georg II. hatte er gute Kontakte zu den entscheidenden Stellen in England. Am 28. Oktober 1754 sandte Michaelis die erforderlichen Unterlagen an Best, der sie wiederum bei den Präsidenten der Royal Society, Graf Macclesfield, als führendem Mitglied der Prüfungskommission einreichte. Die ganze Unternehmung wurde vom Kurator der Universität Münchhausen, der den König unterrichtete, diplomatisch begleitet.

Nun galt es, den Lösungsvorschlag auf seine Tauglichkeit hin zu überprüfen. Dazu musste sich das Verfahren auf einer langen Überseefahrt bewähren. So war es in den Ausschreibungsbedingungen des Längenpreises festgelegt worden. Zuvor jedoch erfolgte eine Überprüfung an Land. Darum kümmerte sich James Bradley. Er war

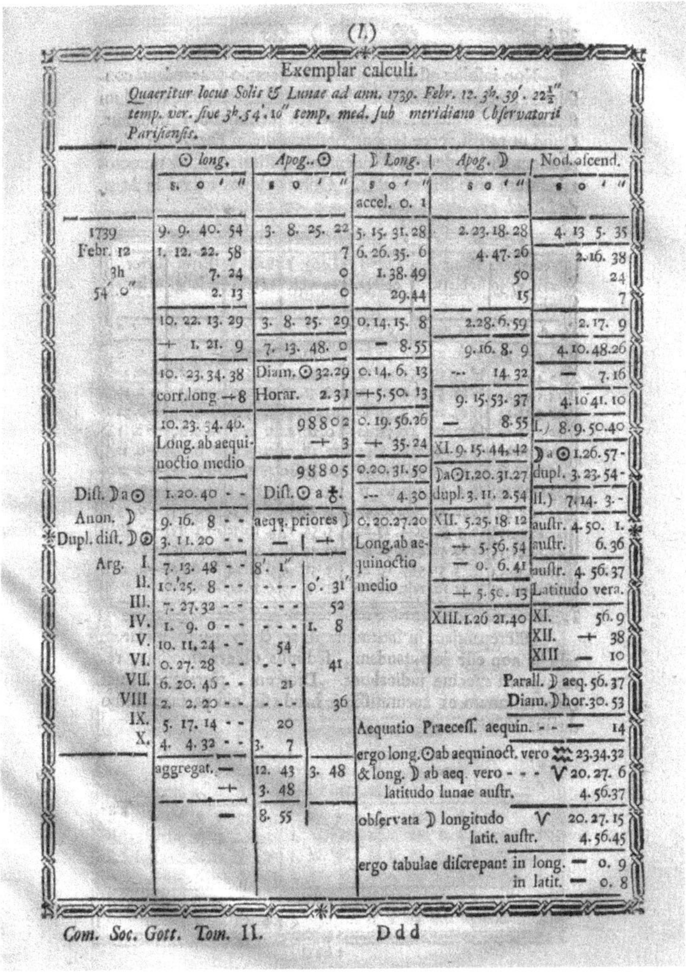

(I.)

Exemplar calculi.

Quaeritur locus Solis & Lunae ad ann. 1739. Febr. 12. 3h. 39′. 22½″ temp. ver. ſive 3h. 54′. 10″ temp. med. ſub meridiano Obſervatorii Pariſienſis.

	☉ long.	Apog. ☉	☽ Long.	Apog. ☽	Nod. aſcend.
	s. ° ′ ″	s ° ′ ″	s ° ′ ″	s ° ′ ″	s ° ′ ″
			accel. 0. 1		
1739	9. 9. 40. 54	3. 8. 25. 22	5. 15. 31. 28	2. 23. 18. 28	4. 13 5. 35
Febr. 12	1. 12. 22. 58	7	6. 26. 35. 6	4. 47. 26	2. 16. 38
3h	7. 24	0	1. 38. 49	50	24
54′ 0″	2. 13	0	29. 44	15	7
	10. 22. 13. 29	3. 8. 25. 29	0. 14. 15. 8	2. 28. 6. 59	2. 17. 9
	+ 1. 21. 9	7. 13. 48. 0	− 8. 55	9. 16. 8. 9	4. 10. 48. 26
	10. 23. 34. 38	Diam. ☉ 32. 29	0. 14. 6. 13	— 14. 32	− 7. 16
	corr. long. + 8	Horar. 2. 31	+ 5. 50. 13	9. 15. 53. 37	4. 10 41. 10
	10. 23. 34. 46.	98802	0. 19. 56. 26	− 8. 55	I.) 8. 9. 50. 40
	Long. ab aequinoctio medio	+ 3	+ 35. 24	XI. 9. 15. 44. 42	☽ a ☉ 1. 26. 57 -
		98805	0. 20. 31. 50	☽ a ☉ 1. 20. 31. 27	dupl. 3. 23. 54 -
Diſt. ☽ a ☉	1. 20. 40 - -	Diſt. ☉ a ☋.	— 4. 30	dupl. 3. 11. 2. 54	II.) 7. 14. 3. -
Anom. ☽	9. 16. 8 - -	aequ. priores ☽	0. 20. 27. 20	XII. 5. 25. 18. 12	auſtr. 4. 50. 1.
Dupl. diſt. ☽ ☉	3. 11. 20 - -	− +	Long. ab aequinoctio medio	+ 5. 56. 54	auſtr. 6. 36
Arg. I.	7. 13. 48 - -	8′. 1″		− 0. 6. 41	auſtr. 4. 56. 37
II.	10. 25. 8 - -	- - - 0′. 31″		+ 5. 50. 13	Latitudo vera.
III.	7. 27. 32 - -	- - - 52		XIII. 1. 26 21. 40	XI. 56. 9
IV.	1. 9. 0 - -	- - - 1. 8			XII. + 38
V.	10. 11. 24 - -	54			XIII − 10
VI.	0. 27. 28 -	- - - 41			Parall. ☽ aeq. 56. 37
VII.	6. 20. 46 - -	21			Diam. ☽ hor. 30. 53
VIII	2. 2. 20 - -	- - - 36			
IX.	5. 17. 14 - -	20	Aequatio Praeceſſ. aequin. - -		− 14
X.	4. 4. 32 - -	3. 7	ergo long. ☉ ab aequinoct. vero		♒ 23. 34. 32
	aggregat. −	12. 43 3. 48	& long. ☽ ab aeq. vero - - -		♈ 20. 27. 6
	+	3. 48	latitudo lunae auſtr.		4. 56. 37
	−	8. 55	obſervata ☽ longitudo		♈ 20. 27. 15
			latit. auſtr.		4. 56. 45
			ergo tabulae diſcrepant in long.		− 0. 9
			in latit.		− 0. 8

Com. Soc. Gott. Tom. II. Ddd

Mayers Erstveröffentlichung der Mondtafeln in den Commentarii der Göttinger Societät der Wissenschaften 1753

Die Tabelle ist überschrieben »Berechnungsbeispiel in der Frage der Position der Sonne und des Mondes am 12. Februar 1739 um 3 Uhr, 39 Minuten und 20 ½ Sekunden wahrer Zeit oder 3 Uhr 54 Minuten und 10 Sekunden gemäß der Zeit im Pariser Observatorium«.

in der Nachfolge von John Flamsteed und Edmond Halley der dritte
königliche Astronom und Herr der Sternwarte in Greenwich. Bradley nahm in den Jahren 1756 bis 1760 Hunderte von Messungen auf
der Basis von Mayers Mondtabellen vor und konnte deren Werte zur
eigenen Verblüffung nur bestätigen. Als für den 6. Juni 1761 mit dem
Venusdurchgang, der Kreuzung der Venus mit der Sonne, ein großes astronomisches Ereignis anstand, nutzte er die Gelegenheit zur
praktischen Prüfung der Mondtabellen auf See. Zu diesem Ereignis,
das auch Mayer beobachtete und kommentierte, wurden Expeditionen in alle Teile der Welt entsandt, in der Hoffnung, durch die Kombination der diversen Messungen die Entfernung der Sonne von der
Erde ableiten zu können. Bradley schickte unter Leitung seines späteren Nachfolgers Nevil Maskelyne ein Schiff in südliche Gewässer.
Auf St. Helena, das schon früher als astronomische Beobachtungsstation gedient hatte, sollte Maskelyne den Venusdurchgang verfolgen und auf dem Weg dorthin und zurück, das Mayersche Verfahren testen. Während die Sicht auf die Venus durch schlechtes Wetter
teilweise getrübt wurde, erwiesen sich die Mondtabellen als außerordentlich zuverlässig. Maskelyne konnte ihre Tauglichkeit auf eine
Abweichung von sechzig Seemeilen hin bestätigen. Das entsprach
den Anforderungen für das untere Preisgeld von 10.000 Pfund. Er
veröffentlichte daher gleich im Anschluss an seine Rückkehr eine
englische Übersetzung von Mayers Tabellen und Gebrauchsanweisungen unter dem Titel *The British Mariner's Guide*.

Damit sollte die Preisfrage eigentlich geklärt sein, ein entsprechendes Urteil durch das *Board of Longitude* getroffen und das
Preisgeld vom englischen Parlament zugesprochen werden können.
So einfach und schnell arbeiten die Mühlen der Politik jedoch nicht.
Noch immer wurde das politische Geschehen durch den Siebenjährigen Krieg dominiert. Und inzwischen hatte auch Harrisons *Timekeeper*, mittlerweile in der vierten Ausführung, auf einer Überfahrt

nach Jamaica seine Zuverlässigkeit unter Beweis gestellt. Die Abweichung der H4 von der tatsächlichen Zeit betrug für die Fahrt von Portsmouth nach Jamaica und wieder zurück unter 2 Minuten und entsprach damit hinreichend der geforderten Präzision. Fast fünfzig Jahre hatte man im englischen Parlament vergeblich auf eine Lösung des Längengradproblems gewartet, nun gab es plötzlich zwei. Welche davon nun ausgezeichnet werden sollte oder vielleicht doch beide, war nicht so einfach zu lösen. Mayers Mondtabellen konnten sofort eingesetzt werden. Sie lagen für jeden verfügbar bereit. Harrisons Uhr existierte hingegen nur in einem Prototyp. Ihre Funktionsweise musste erst noch verstanden und ihre Replizierbarkeit geklärt werden. Wenn dies der Fall war, bot sie allerdings gegenüber den aufwendigen und wetterabhängigen Berechnungen Mayers erhebliche Vorteile.

Die Entscheidung zog sich hin. Neben den Wissenschaftlern ergriffen auch die Juristen das Wort. Waren die Mondtabellen nicht nur *nützlich*, sondern auch wirklich *praktikabel*, wie es der *Longitude Act* verlangt hatte? Und mussten sie nicht auch auf einer Fahrt zu den Westindischen Inseln, wie ebenfalls gefordert, getestet werden? Bei Harrisons Uhr wurde gefragt, ob die Daten bei ihrer Fahrt nach Jamaica wie vorgeschrieben erhoben worden waren und ihre vermeintliche Präzision nicht eher dem Zufall zugeschrieben werden müsste. Solange ihre Konstruktionsweise nicht klar war, könne man sowieso kein Urteil fällen.

Der weitere Entscheidungsprozess wurde zusätzlich durch den Umstand erschwert, dass Tobias Mayer am 20. Februar 1762 und der Königliche Astronom James Bradley, zentrale Figur im Verfahren und Verfechter der Mondtafelmethode, im Sommer 1762 verstarben. Noch zehn Tage vor seinem Tod hatte Mayer verfügt, dass unabhängig davon, ob ihm der Preis zuerkannt werde, alle seine diesbezüglichen Schriften an einem Ort versammelt und veröffentlicht werden sollten. Für den Fall aber, dass seinen Erben 10.000 Pfund zugesprochen würden, sollten zweitausend Pfund davon an die Wissenschaftliche Sozietät und je tausend an seinen Kollegen Michaelis sowie an William Philip Best, den Vertreter von Mayers Sache in London, gehen. Die beiden hatten das Verfahren offiziell angestrengt und über Jahre hinweg engagiert vorangetrieben.

Nachdem sowohl die Mondtabellen wie auch die Uhr auf einer weiteren Fahrt nach Barbados ein weiteres Mal überprüft worden waren, fiel schließlich am 9. Februar 1765 in einer Sitzung des *Boards of Longitude* die Entscheidung. Harrison wurden 10.000 Pfund zugesprochen, Mayers Verfahren, das beim Gebrauch der älteren, inzwischen bereits wieder verbesserten Tabellen in der Genauigkeit etwas zurücklag, »nicht mehr als 5.000 Pfund«. Das war nicht ganz fair. Angesichts seiner nachgewiesenen Nützlichkeit und Praktikabilität hätte Mayers Lösung der Ausschreibung entsprechend mindestens 10.000 Pfund verdient. Es kam aber noch schlimmer. Denn schlussendlich beschloss das Parlament, Mayers Witwe nur 3.000 Pfund zuzuweisen und dreihundert weitere an Leonhard Euler. Der französische Astronom Alexis Clairaut hatte zwischenzeitlich in einem Beitrag für *The Gentleman's Magazine* Position gegen Mayer ergriffen und eigene Ansprüche für sich und Euler reklamiert. Maria Victoria Mayer war zwar über die letztliche Höhe der Preissumme enttäuscht, zumal sie vierzig Prozent davon noch an andere abgeben musste. Im Sommer 1756 übertrug sie aber sämtliche Eigentumsrechte der Mondtafeln und ihres Gebrauchs an die Kommission der englischen Admiralität und konnte fortan auf den noch immer respektablen Betrag von 1.800 Pfund zugreifen, der auf ihren Namen in der Göttinger Universitätskasse hinterlegt war. Was bei ihrem Tod 1780 davon übrig war, wurde zuzüglich der angefallenen Zinsen auf ihre beiden hinterbliebene Söhne übertragen.

Mayers Verfahren, das stetig verbessert und nach und nach auch vereinfacht wurde, blieb bis weit in das 19. Jahrhundert hinein die gängige, weltweit genutzten Technik der Navigation. James Cook war einer der ersten, der sie bei seiner Reise in die Südsee von 1768 bis 1771 einsetzte. Als er bald darauf zu seiner zweiten Weltumsegelung aufbrach, nahm er zusätzlich einen Nachbau von Harrisons Uhr mit. Die Kombination beider Ansätze führte, wie sich zeigte, zu den besten Ergebnissen und verwandelte »die Navigation von einer Kunst in eine exakte Wissenschaft«.

16
DIE TEILE UND DAS GANZE

Tobias Mayer wurde, als er am 20. Februar 1762 mit 39 Jahren starb, mitten aus seiner Arbeit herausgerissen. Er hatte sich, so der tradierte Befund, bei einem französischen Besatzungsoffizier, der in seinem Haus einquartiert war, an Typhus angesteckt. Sein Tod ist letztlich also auf den Siebenjährigen Krieg zurückzuführen. Schon seit Jahren war Göttingen regelmäßig von Belagerungen und Einquartierungen heimgesucht worden. Welche Kriegspartei, ob Franzosen oder Preußen von der Stadt Besitz ergriff, war für die Bürger und Universitätsangehörigen bald einerlei, da die Besetzungen immer mit Bedrängnissen und Belastungen verbunden waren. Die Bürger mussten in ihren Häusern und Wohnungen Platz machen für die ungebetenen Gäste. Das Angebot an Nahrungsmitteln und Holz als unverzichtbarem Energieträger verknappte sich, die Preise stiegen und ansteckende Krankheiten ließen die Todesrate markant ansteigen. Insgesamt verringerte sich die Einwohnerzahl Göttingens im Laufe des Kriegs von rund 8.000 auf knapp 6.500.

Der Tod Mayers kam überraschend, es gab keine Hinweise auf irgendwelche gesundheitliche Beschwerden. Allerdings ist über sein Privatleben ohnehin wenig bekannt. Mayers Forschungen endeten jedenfalls völlig unerwartet und abrupt. War er deshalb ein Unvollendeter? In mancher Hinsicht sieht es danach aus. Betrachtet man seine Hinterlassenschaft im größeren Zusammenhang, lässt sie sich in drei Bereiche fassen, die mit seinen Lebens- und Arbeitszusammenhängen korrespondieren. Da sind zunächst die frühen Werke, die er im Alter von 16 bis 22 Jahren veröffentlichte: der Stadtplan von Esslingen und ein paar wenige weitere kartographische Erstlinge sowie drei Buchveröffentlichungen, darunter als prominenteste der *Mathematische Atlas*. Es sind weit mehr als nur erste Tastversuche, es sind gewagte und beherzte Ausgriffe in die Welt der Wissenschaft. Gewagt, da sie von einem jungen Kerl unternommen werden, der eine ordentliche, aber keineswegs brillante Schulbildung genossen hatte, sich also nicht sicher sein konnte, ob die von ihm ausgebreiteten Kenntnisse auf einem sicheren Fundament beruhten. Und beherzt, weil er als Waisenkind wenig Unterstützung aus seinem sozialen Umfeld erwarten konnte, als Autodidakt weitgehend auf sich selbst gestellt war, dem es aber gelang, sich ein kleines Netzwerk an Gleichgesinnten aufzubauen, die sein Talent und seine Strebsamkeit erkannten und unterstützten.

Diese ersten Arbeiten sind durch ihre pragmatische Ausrichtung und ihren generalisierenden Zugriff gekennzeichnet. Mayer suchte darin allgemeine Antworten auf Fragen, die sich ihm im Zusammenhang mit seinen mathematischen Interessen und ihrer praktischen Anwendung stellten. Was er inhaltlich ausbreitete, mochte nicht unbedingt neu sein. Freilich hatte er ein ausgeprägtes Sensorium für aktuelle Fragen, die die Wissenschaft und das mögliche Publikum beschäftigten. Wie er es aber anging, in knappen und präzisen Darlegungen und illustriert mit gekonnten Zeichnungen, musste die Leser überzeugen. Und das tat es, wie man an der Geschichte seines *Mathematischen Atlasses* ablesen kann. Der prachtvolle und teure Band mit seinen zahlreichen Kupferstichen brachte es nicht nur auf eine zweite Auflage. Die Originalhandschrift des Atlasses fand auch Eingang in die Sammlung des württembergischen Artillerieoffiziers und späteren Generals Freiherr Ferdinand von Nicolai (1730–1814). Seine Kollektion von grafischen Darstellungen zum Kriegshandwerk und seinen diversen Bezugsdisziplinen umfasste 155 Klebebände, als sie vom württembergischen Herzog Carl Eugen 1786 für die Königliche öffentliche Bibliothek erworben wurde. Nicolai hatte Mayers Handschrift leider in seine Einzelteile zerlegt und nach eigener Systematik in seiner überbordenden Sammlung verteilt, so dass es fast zweihundert Jahre dauerte, bis sie in der Württembergischen Landesbibliothek wiederentdeckt wurde. Mayer war sich seiner einmaligen Kombination von wissenschaftlicher Solidität und zeichnerischem Können durchaus bewusst. Als er 1750 seinen Mondglobus ankündigte, unterstrich er, welche »Fertigkeit im Zeichnen […] derjenige besitzen muß, der sich einer solchen Arbeit unterfangen will. Man findet selten den Sterngelehrten mit dem Zeichner vereint.«

Mit seinen frühen Arbeiten zur Kartographie, zum Fortifikationswesen und zur Mathematik hatte er das Feld abgesteckt, das ihn in seinen weiteren wissenschaftlichen Forschungen beschäftigen sollte. Dem generalisierenden Ansatz seiner ersten Publikationen folgte dann aber die Untersuchung von Spezialfragen. Die Gelegenheit dazu bot ihm von 1746 bis 1750 die Arbeit für den kartographischen Verlag *Homännische Erben* in Nürnberg. Hier konnte er seine Qualitäten als geübter Mathematiker und versierter Zeichner bestens unter Beweis stellen. Mit seinen 33 Karten, die er in diesem Zusammenhang fertigte, setzte er einen neuen Standard in der Kartographie, erkannte aber auch die erheblichen Probleme, die es zu bewältigen galt, wenn man grundsätzliche Fortschritte in diesem Feld erreichen wollte. Seine *Mappa Critica* brachte die Problemlage auf den Punkt und wies den Weg aus dem Dilemma. Sie stellt symbolisch den Wendepunkt in seinem Leben vom talentierten, fleißigen, pragmatisch orientierten Mathematiker und Kartographen zum ingeniösen Astronomen und Grundlagenforscher dar, der sich beruflich im Wechsel vom Verlagsangestellten zum Universitätsprofessor vollzog.

Mayers ungeheure Produktivität hielt weiter an, doch änderte sich ihr Charakter, das adressierte Publikum und auch die Sprache. Können die Aufsätze, die er 1750 in den *Kosmographischen Nachrichten* veröffentlichte, noch als Mitteilungen an eine allgemeine Leserschaft mit besonderen Interessen gelten, so waren seine Beiträge in den *Commentarii,* der Schriftenreihe der *Societät der Wissenschaften,* nur etwas für die akademische Gemeinde. Sie waren in Latein verfasst und behandelten Spezialprobleme. Indem auf deren Inhalte regelmäßig auch in den *Göttingischen Zeitungen von Gelehrten Sachen* hingewiesen wurde, konnte die Öffentlichkeit immerhin erfahren, womit der Professor Mayer, dessen wissenschaftliches Renommee kontinuierlich zunahm, sich so beschäftigte.

Das Themenspektrum, das Mayer in seiner Göttinger Zeit bearbeitete, mag auf den ersten Blick recht bunt und weitläufig erscheinen. Neben seinen wegweisenden Mondstudien befasste er sich mit der »Kunst, Gemälde mit natürlichen Farben zu drucken« und schrieb in diesem Zusammenhang auch gleich eine »Abhandlung über die Verwandtschaft der Farben.« Das Erdbeben von Lissabon 1755 veranlasste ihn zu dem »Versuch einer Erklärung des Erdbebens« und die Betrachtung von »oberschlächtigen Wasserrädern« zum Nachdenken über die Notwendigkeit einer Theorie der Maschinen. Beweggrund für alle diese Arbeiten war das Bestreben, die Ursachen hinter den Phänomenen zu erfassen und sie in eine systemische Logik zu bringen. Dass die Dinge oftmals nicht so waren, wie sie erschienen, war ihm bei seinen Beobachtungen des Mondes und der Sterne vielfach klar geworden. Nicht nur die Objekte der Betrachtung unterlagen mannigfaltigen Einflüssen, die sie an einem Tag anders aussehen ließen als am nächsten, auch die Beobachtungen waren abhängig von ihren jeweiligen Bedingungen, weswegen Mayer es sich angelegen sein ließ, sie vielfach zu wiederholen, um zu verlässlichen Ergebnissen zu gelangen. Dafür musste er im Jahr 1756 durchschnittlich drei Nächte pro Woche in der Sternwarte verbringen.

Das Arbeitspensum, das Mayer in den elf Göttinger Jahren als Hochschullehrer und Spitzenforscher, als Direktor der Sternwarte und Mitglied der *Wissenschaftlichen Societät,* als Korrespondent mit

Kollegen und, auch das, als Familienvater bewältigte, war enorm. Vieles, was er in dieser Zeit verfasste oder schuf, wurde erst nach seinem Tod publiziert, darunter seine erheblich verbesserte Mondkarte und sein Mondglobus. Auch seinen äußerlich betrachtet größten Triumph, die Anerkennung seiner Lösung des Längengradproblems durch das englische Parlament, konnte er nicht mehr persönlich erleben. Sie veranlasste den an Astronomie hochinteressierten König George III. aber dazu, Georg Christoph Lichtenberg mit der Publikation von Mayers hinterlassenen Arbeiten zu beauftragen. Lichtenberg, der als Experimentalphysiker und Aphoristiker berühmt wurde, hatte selbst in Göttingen studiert und seinen Lebensunterhalt nach dem Studium zunächst als Hofmeister für wohlhabende englische Studenten bestritten. Mit zwei von ihnen unternahm er 1770 eine Englandreise und traf dabei in der Königlichen Sternwarte von Richmond auch mit Georg III. zusammen. 1775 erschien der erste von Lichtenberg herausgegebene Band der *Opera inedita* Mayers, von denen er meinte, dass »deren Bekanntmachung von allen Liebhabern der Naturkunde und Kennern der Mayerschen Verdienste in und außerhalb Deutschlands, mit dem größten Dank aufgenommen werden würde.« Er sollte recht behalten. Die geplante Publikation weiterer unveröffentlichter Arbeiten Mayers kam jedoch erst zweihundert Jahre später zustande, als der schottische Astronom und Wissenschaftshistoriker Eric Gray Forbes Mayer gleichsam wiederentdeckte. Ganz vergessen worden ist Mayer allerdings niemals. 1791 wurde ein Mondkrater in der Nachbarschaft derer von Kopernikus und Leonhard Euler nach ihm benannt, sein Name und ausgesuchte Teile seines Werkes gingen in die Lexika ein, die Universität Göttingen ließ eine Büste von ihm für ihre Aula anfertigen, die leider verloren ging, und sogar seine Heimatstadt Marbach a.N. brachte zu seinem hundertsten Todestag 1862 eine große Tafel an seinem Geburtshaus an, die ihn als berühmten Astronomen ehrte.

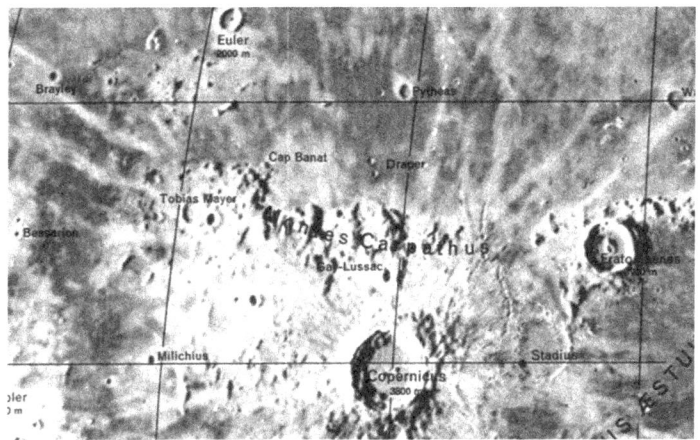

Mondkrater Tobias Mayer, nordwestlich von Kopernikus

Wenn Mayer in seinen wissenschaftlichen Erkenntnissen nach und nach fortgeschrieben und überholt wurde, dann ist das, wie Max Weber zurecht betonte, »das Schicksal, ja, […] der Sinn der Arbeit der Wissenschaft.« – »Wir können nicht arbeiten, ohne zu hoffen, daß andere weiter kommen werden als wir.« – »Wissenschaftlich überholt zu werden, ist […] unser aller Zweck.« Und doch können wissenschaftliche Arbeiten auf Dauer wichtig bleiben – aufgrund ihrer künstlerischen Qualität oder als »Mittel der Schulung zur Arbeit«. Beides gilt für Mayers Werk. Dessen *Mathematischer Atlas* wie auch seine Mondzeichnungen bestechen auch mehr als 250 Jahre nach ihrer Entstehung durch ihre ästhetische Qualität. Und sein wissenschaftliches Ethos blieb Verpflichtung für alle, die ihm als Wissenschaftler folgten: »Die Wahrheit lässt sich verhehlen, aber nicht austilgen. Die Zeit entdeckt sie endlich und sie selbst erscheinet wieder mit desto größerem Glanze.«

ANHANG
NACHWEIS DER ZITATE

Die nachfolgenden Kurzangaben zu Autoren und Autorinnen werden im Literaturverzeichnis aufgelöst.

S. 5 *Meer und Erd'*: Kästner 1762/1984, S. 2.
S. 9 *des Nachts [...] am Himmel*: Franz 1751, S. 1.
S. 11 *in der Mathematik, Historie und Naturlehre* und alle folgenden Zitate: Franz 1751, S. 6ff.
S. 13 *Er gehet würklich nach Göttingen*: Franz 1751, S. 1.
S. 20 *Tatsächlich zielt eine Enzyklopädie*: Diderot 2013, S. 134.
S. 23 *Vermesser des Meeres* und *Es wäre zu weitläufig*: Kästner 1762/1984, S. 2 bzw. 8.
S. 28 *die Unruhe und der Lermen*: Brief Mayers vom 18.11.1757 an den Prorektor der Universität Göttingen, in: Mayer: Briefe, S. 46f.
S. 30 *mehr als gewöhnliche Pension*: Brief der Regierung in Hannover an Kirchendeputation vom 6. 3. 1762, in Mayer: Briefe, S. 46.
S. 36 *Unser Leben währet siebzig Jahre*: Lutherbibel 2017.
S. 36 *nicht unfruchtbar*: Mayer: Biographie, S. 5.
S. 37 *Ein Kerl*: Mayer: Biographie, S. 6.
S. 38 *Es brauchte nicht viel Warnen* und *Die eigene Erfahrung*: Mayer: Biographie, S. 12.
S. 43 *Ich glaube*: Mayer: Biographie, S. 24.
S. 44 *Mein Schuster und ich*: Mayer: Biographie, S. 29.
S. 46 *sauberen Rock*: Roth 2006, S. 16.
S. 47 *den Sprachfluss*: Forbes 2023, S. 34.
S. 52 *kartographisch sauber*: Otto Borst, zit. nach Stadtarchiv Esslingen 1985: 46.
S. 52 *vollständig und graphisch professionell dargestellt*: Baumann 2013, S. 231.
S. 53–55 Alle Zitate: Mayer: Mathematischer Atlas, Tafel 31.
S. 56 *Haben wir aber Muße nachzudenken*: zit. nach Poser 2016, S. 17.
S. 64 *Der Amerikaner*: Lichtenberg 1800-1806, Sudelbuch G 1779–1783, G 183.
S. 65 *dass man nicht ungewisse Dinge*: Mayer: Mathematischer Atlas, Tafel 31.
S. 67 *ziemliche Geschicklichkeit*: Mayer: Biographie, S. 7.
S. 68 *Die nützlichsten Dinge*: Mayer: Biographie, S. 8.

S. 68   *ein neu vorspecificirt bleumerant Kleid*: Sonnenstuhl-Fekete 1992, S. 52.
S. 69   *einige Leute angetroffen*: Mayer: Biographie, S. 8.
S. 69–72 *die Mathematischen Wissenschaften*: Mayer: Mathematischer Atlas, Vorrede.
S. 78   *Bilderfabrik Europas*: Ritter 2002, S. 189.
S. 78   *Karten-Perfektionist*: Roth 2006, S. 27.
S. 79   *Drehscheibe des damaligen Welthandels*: Egmond 2002, S. 174.
S. 82   *für ein halbes Jahrhundert*: zit. nach Hüttermann 2022, o.S.
S. 84   *er habe noch einen jungen Mathematiker*: Roth 2006, S. 18.
S. 86   *forderte den Kartenleser*: Heinz 2002g, S. 204.
S. 86   *sobald Julie nur einen Band*: Goethe 1821/1961, S.87f.
S. 86   *Die gröste Gemüths-Vergnügung*: Johann Gottfried Gregoriii: Curieuse Gedanken von den vornehmsten […] Alt=und Neuen Land=Charten, Frankfurt/Leipzig 1713, S. 9, zit. nach Heinz 2002d: 114f.
S. 88–90 *Die vornehmste Frucht* und folgende Zitate: Mayer: Von der Construction der Land-Karten, zit. nach Hüttermann 2012a, S. 78.
S. 97   *daß diese Kartierung*: zit. nach Bricker/ Tooley 1971, S. 45.
S. 99   *ganz allgemein die Kunst*: Koselleck 1973, S. 90.
S. 99   *Die menschliche Vernunft*: Pierre Bayle, Artikel Manichéens, S. 1900, zit. nach Koselleck 1973, S. 201.
S. 100   *anerkannte Kirchenlehrer* und *Man dürfe nicht*: Hamel 1996, S. 108f.
S. 102   *dass Mayer eine – für seine Zeit*: Mesenburg 2013, S. 279.
S. 106   *in lauter Blut verkehrt*: zit. nach Münch 1992, S. 176.
S. 106   *gezeugknus grossen trauerns*: zit. nach Roeck 1991; S. 78.
S. 107   *ist ein schröcklicher Comet-Stern*: Abelin/ Merian 1662, S. 124f.
S. 108   *sich künftig als christliche Brüder zu achten*: Hawlitscheck 2002, S. 242.
S. 109   *alle Saitenspihl*: zit. nach Knubben 1996, S. 183.
S. 109   *uns diese großen Luftzeichen* und folgendes Zitat: Bayle 1741/2017, S. 4 bzw. 7.
S. 110   *Es ist ein elender Schluß* und folgendes Zitat: Bayle 1741/2017, S. 445ff.
S. 113   *Indem Gott rechnet*: zit nach Kempe 2022, S. 44.
S. 113   *Gott würfelt nicht*: Schiemann 2010.
S. 120   *bis das Glas*: Mayer I, S. 161.
S. 120   *Um nun beispielsweise*: Weißbecker 2012, S. 61.
S. 121   *haben die Bedeckungen der Sterne*: zit. nach Weißbecker 2012, S. 62.
S. 122   *Wir haben keine vollständigere Zeichnung*: Mayer I, S. 385.
S. 123   *Begründer der modernen Mondkartographie*: Hüttermann 2012, S. 115.
S. 125   *die wahren Verhältnisse der Mondflecken*: Hüttermann 2012, S. 119.
S. 125   *für grosse Herren*: : Mayer I, S. 398.
S. 127   *in lauter abgesonderten Stücken* und folgende Zitate: Mayer I, S. 391.

S. 131 *Diejenigen, welche einmal die Neugier*: Mayer I, S. 383.
S. 132 *Lehre und Wissenschaft*: Wehler 1987, S. 293.
S. 136 *ausgearbeiteten mathematischen Schriften* und folgende Zitate: Mayer: Briefe, S. 39f.
S. 138 *Die Einwohner sind im Grunde*: Frensdorff 1908b, S. 58–60.
S. 139 *une triste ville dans un triste pays*: zit. nach Lehfeldt 2013, S. 27.
S. 140 *sonstige Betten*: Hölscher 2011, S. 49.
S. 141 *ein Stück versinnbildlichter Rechtsgeschichte*: zit. nach Hölscher 2011, S. 57.
S. 141–142 *Übertragung der ProRectorenwürde* und folgende Zitate: Hölscher 2011, S. 53ff.
S. 146 *In gegenwärtigem halben Jahr*: Brief Johann Tobias Mayer vom 18.12.1828 an seinen Großneffen Joh. Samson Wilhelm Mayer in Esslingen, Sammlung Dr. R. Mayer, Heilbronn.
S. 147: In Göttingen wurde er mehr: D. Hausleutner in Schwäbisches Archiv, Stuttgart 1793, zit. nach Mayer: Biographie, S. 38.
S. 148 *Ich hatte für diesen meinen Lehrer* und folgendes Zitat: Niebuhr 1803, S. 257ff.
S. 149 *Eifer, Niebuhr zu unterrichten*: Niebuhr 1817, S. 14f.
S. 154 *mit dem Hr. Professor Hollmann* und folgendes Zitat: Frensdorff 1908b, S. 89.
S. 154 *kein Freund vom Streiten*: Brief an Euler, zit. n. Weißbecker 2012: 106.
S. 157 *gab er die falschen Aequinoctia* und folgende Zitate: Forbes 2023, S. 163.
S. 161 *Monsieur*: zit. nach Forbes 2023, S. 109f.
S. 163 *mit größtem Vergnügen*: Mayer: Briefe, S. 41.
S. 164 *Die Gesellschaft schuldet Mayer viel*: Mayer: Briefe, S. 43.
S. 164 *zu viele schlechte Dozenten* und folgende Zitate: Mayer: Briefe, S. 42.
S. 165 *Die Übergabe derselben*: Notiz vom 23. September 1754, zit. nach Weißbecker 2012, S. 110.
S. 176 das größte Meisterwerk: zit. nach Forbes 2023; S. 166.
S. 180 *nicht mehr als 5.000 Pfund*: zit. nach Forbes 2023, S. 234.
S. 181 *die Navigation von einer Kunst*: Forbes 2023, S. 239.
S. 183 *Fertigkeit im Zeichnen*: Mayer I, S. 386.
S. 186 *deren Bekanntmachung*: Lichtenberg in einem Brief vom 2.3.1773 an das Geheime Rats-Kollegium in Hannover, zit. nach Reich 2006, S. IX.
S. 187 *das Schicksal* und folgende Zitate: Weber 1919/2006, S. 1024.
S. 187 *Die Wahrheit*: zit. nach Weißbecker 2012, S. 88.

BILDNACHWEISE

S. 2 **Portrait Tobias Mayer, Kupferstich von Westermayr nach J.P. Kaltenhofer, 1799**
Vorlage: Tobias Mayer Museum, Marbach a.N.

S. 15 **Streckenmessung mit Kompass und Zählung der Wagenradumdrehungen**
Illustration aus Paul Pfinzings Methodus Geometrica, 1598
Internet Archive; URL: https://archive.org/details/gpl_1807271/page/36/mode/2up

S. 17 **Tobias Mayers Reisekarte Nürnberg – Göttingen, 1751**
Tobias-Mayer-Museum, Marbach a.N.

S. 22 **Geburtshaus von Tobias Mayer in Marbach, um 1865**
mit der zum hundertsten Todestag 1862 angebrachten Gedenktafel
Stadtarchiv Marbach a.N.

S. 24 **Andreas Kieser: Ansicht von Marbach, 1680–87**
Landesarchiv Baden-Württemberg; https://de.wikipedia.org/wiki/Datei:Marbach_am_Neckar,_Andreas_Kieser.png

S. 25 **Ludwigsburg: Schloss und Stadt, Kupferstich von Johann August Corvinus, um 1727**
© Landesmedienzentrum Baden-Württemberg

S. 37 **Aquarellierte Zeichnung Tobias Mayers vom Esslinger Katharinenhospital, 1737**
Vorlage: Tobias-Mayer-Museum, Marbach a.N.

S. 40 **Austeilung des Brotalmosens im Esslinger Spital aus der Stiftung des Konrad Hegbach**
Zeichnung von Tobias Mayer; Stadtarchiv Esslingen, Akten Williardts Nr. 50

S. 41 **Ausgabe von Kalbfleischsuppe, Brot und Wein aus der Stiftung des Peter Dannhäuser und seiner Frau**
Zeichnung von Tobias Mayer; Stadtarchiv Esslingen, Akten Williardts Nr. 50

S. 48 **Grundriss der Stadt Esslingen von Tobias Mayer, 1739**
Vorlage: Tobias-Mayer-Museum, Marbach a.N.

S. 50   Titelseite von Tobias Mayer: Neue und Allgemeine Art, alle Aufgaben Aus der Geometrie vermittelst der geometrischen Linien leichte aufzulösen, Esslingen 1741
Vorlage: Tobias-Mayer-Museum, Marbach a.N.

S. 57   Die Antipoden oder wie man sich Menschen auf allen Seiten der Erde vorzustellen hat
Darstellung aus Alfraganus: Rudimenta astronomica, Nürnberg 1537
Vorlage: Hamel 1996, S. 96

S. 61   Die Blickwinkel auf Schiffe und Türme als Beweis, dass die Erde eine Kugel ist
Aus Johannes Kepler: Epitome astronomiae copernicanae, Linz 1618
Vorlage: Münchener DigitalisierungsZentrum Digitale Bibliothek; https://www.digitale-sammlungen.de/de/view/bsb10060988? (Seite 19)

S. 66   Titelblatt des Mathematischen Atlas von Tobias Mayer, 1745
Vorlage: Tobias-Mayer-Museum, Marbach a.N.

S. 71   Tafel XII aus dem Mathematischen Atlas über die Vermessung von Höhen und Weiten
Vorlage: Tobias-Mayer-Museum, Marbach a.N.

S. 74   Tafel XI aus dem Mathematischen Atlas über »Die Beschaffenheit der fürnehmsten geometrischen Instrumente«
Vorlage: Tobias-Mayer-Museum, Marbach a.N.

S. 81   **Johann Baptist Homann (1664–1724)**
Vorlage: https://de.wikipedia.org/wiki/Johann_Baptist_Homann#/media/Datei:Homann,_Johann_Baptist_(1664-1725).jpg

S. 83   Atlas Methodicus von Johann Hübner und Johann Baptist Homann, 1719
Stadtarchiv Nürnberg, A 4/VI Nr. 19-2-I-1

S. 94   Dreifache Verortung der Insel Ouro auf Mayers Karte von Ostindien, 1748
Vorlage: Tobias-Mayer-Museum, Marbach a.N.

S. 96   **Tobias Mayer: Mappa Critica, 1750**
Vorlage: Tobias-Mayer-Museum, Marbach a.N.

S. 108 **Komet von 1618 über Heidelberg**
Kupferstich von Matthäus Merian in Johann Philipp Abelinus'
Theatrum Europeaum, Ausgabe 1662
Vorlage: : Münchener DigitalisierungsZentrum Digitale Bibliothek; https://www.digitale-sammlungen.de/de/view/bsb10807439

S. 112 **Horoskop von Johannes Kepler für Albrecht von Wallenstein, 1608**
Vorlage: https://upload.wikimedia.org/wikipedia/commons/5/51/Kepler-Wallenstein-Horoskop.jpg

S. 116 **Frontispiz der Geographiae Libri Octo des Claudius Ptolemäus in der zweiten Ausgabe des Weltatlasses von Gerhard Mercator, Köln 1584 (Ausschnitt)**
Staatsbibliothek zu Berlin – Preußischer Kulturbesitz, Kart. 10640

S. 118 **Quadrant des Abbé Jean Picard mit eingebautem Teleskop von 1669**
Würdigung durch die Académie Royal in den Memoires von 1729, Vol. 1, S. 168/169; Vorlage: https://gallica.bnf.fr/ark:/12148/bpt6k3496w/f189.double

S. 119 **Mikrometer von Tobias Mayer zur Präzisierung der astronomischen Beobachtungen**
aus den Kosmographischen Nachrichten und Sammlungen, Nürnberg 1750, in: Mayer I, S.201; Tobias-Mayer-Museum, Marbach a.N.

S. 124 **Detailzeichnung des Mondes von Tobias Mayer, angefertigt in der Nacht des 14. Dezember 1749**
Vorlage: Tobias-Mayer-Museum, Marbach a.N.

S. 126 **Mondkarte von Tobias Mayer, herausgegeben von Georg Christoph Lichtenberg, 1775**
Vorlage: Tobias-Mayer-Museum, Marbach a.N.

S. 129 **Tobias Mayer: Mondglobus-Segment Nr. 3 als Handzeichnung und auf Kupferplatte**
Vorlage: Tobias-Mayer-Museum, Marbach a.N.

S. 130 **Mondglobus von Tobias Mayer, entworfen 1750**
fertiggestellt 2009 durch den Tobias-Mayer-Verein Marbach a.N.
Vorlage: Tobias-Mayer-Museum, Marbach a.N.

S. 134 **Kollegiengebäude der Universität Göttingen, ca. 1753**
Federzeichnung aus dem Stammbuch Ludwig Andreas Gercke
SUB Göttingen Cod. Ms. 1994.31

S. 142 **Akademische Feier in der Paulinerkirche während des Besuchs Georg II. 1748**
Kupferstich von Georg Daniel Heumann (Ausschnitt)
SUB Göttingen 4 HLP IV, 92/5 RARA

S. 151 **Mayers Sternwarte in Göttingen**
Stammbuchblatt von Heinrich Christoph Grape, um 1800
Vorlage: Tobias-Mayer-Museum, Marbach a.N.

S. 170 Publikation des Längengradaktes in der Herrschaft von Queen Anne 1714
Vorlage: Tobias-Mayer-Museum, Marbach a.N.

S. 172 **John Harrison mit seinen Uhren H 4 auf dem Tisch und H 3 im Hintergrund links**
Kupferstich von Peter Joseph Tassaert, 1767
Vorlage: https://commons.wikimedia.org/wiki/File:John_Harrison_Uhrmacher.jpg

S. 177 **Mayers Erstveröffentlichung der Sonne- und Mondtafeln in den Commentarii der Göttinger Societät der Wissenschaften 1753**
Vorlage: Tobias-Mayer-Museum, Marbach a.N.

S. 187 **Mondkrater Tobias Mayer, nordwestlich von Kopernikus, auf einem Mondglobus der Firma Hallwag**
Vorlage: Tobias-Mayer-Museum, Marbach a.N.

LITERATURVERWEISE NACH KAPITELN

1 Beyrer 1985; Bleibtreu 1861; Bricker et al. 1969; Diderot 2013; Franz 1751; Gresky 1970; Grimm: Stichwort Hochzeitsreise; Hüttermann 2013; Kioscha 1989; Krünitz: Artikel Flitter-Woche, Bd. 14, S. 271; Lowitz 1751; Mayer: Mathematischer Atlas; Mayer: Nürnberg-Göttingen; Niemann 1830; Sandler 1890; Stadtarchiv Esslingen 1985;

2 Peter André Alt 2000; Borst 1977; Eberl 1989; Diefenbacher 2002b; Gühring u.a. 2002; Gühring 2012 und 2013; Kästner 1762/1984; Knubben 1996: 98–107; Myer: Briefe: 46–47; Münch 1992; Münch 1999: 60–66 und 126–135; Neubronner 2016; Rödel o.J., Ross 1994; Sauer 2008; Wellenreuther 2005a.

3 Tobias Mayers Family Tree, in Forbes 2023: 273–274; 1980; Alt 2000-I: 26; Gühring 2012 und 2013; Mayer: Biographie; Neubronner 2016; Weißbecker 2012; Sonnenstuhl-Fekete 1992; Genealogische Tafel im Tobias-Mayer-Museum Marbach.

4 Baumann 2013; Forbes 2023: Kap. 1; Landesamt für Geoinformation und Landentwicklung Baden-Württemberg 2018; Mayer: Esslinger Stadtplan; Mayer: Mathematischer Atlas; Oehme 1961; Rojnika/ Sonnenstuhl-Fecke 1997; Roth 1993; Stadtarchiv Esslingen 1985: 46 und 114; Landesamt für Geoinformation und Landentwicklung Baden-Württemberg 2018.

5 Bernhard 2013 und 2014; Bricker/ Tooley 1971; Grimm 1984, Deutsches Wörterbuch, Band 30, Sp. 788f.; Gumbrecht 1978; Hamel 1996; Horst 2012; Irving 1984; Jauss 2007; Krüger 2007; Lichtenberg 1800ff.; Plinius, Naturgeschichte 2, 64–65; Russel 1991: 51–67; Vogel 1995; Washington 1984.

6 Brachner 1983; Forbes 1993: 20–39; Forbes 2023: Kap. 2; Hüttermann in Mayer IV: 5–15; Mayer: Biographie; Sonnenstuhl-Fekete 1992; Wolff 1710.

7 Behringer/ Roeck 1999; Diefenbacher u.a. 2002; Diefenbacher 2002a; Eck 2017; Egmont 2002; Forbes 2023: Kap. 2; Heinz 2002a-g; Hüttermann 1990, 2012a, 2013; Kästner 1762/1984: 6f.; Landesamt für Geoinformation und Landentwicklung Baden-Württemberg 2018; Mende 1999; Mokre 2002; Münch 1992: 506–516; Rathmann 2018; Ritter 2002.

8	Bayle 1742; Bricker/ Tooley 1991; Koselleck 1973: 41–103; Mayer: Carte des Indes Orientales 1748, in Mayer IV: 081 – L11; Mayer: Mappa Critica; Mesenburg 2013; Röttgers 2004; Walther 2008 b.
9	Abelin/ Merian 1662: 124f.; Bayle 1741/ 2017; Hawlitschek 2002; Kempe 2022; Knubben 1996: 87–90, 181–189; Koselleck 1973; Münch, 1992: 174–178; Münch 1999; Roeck, 1991: 78–88; Schiemann 2010; Schneider 1994; Taatz-Jacobi/ Pečar 2021.
10	Bricker/ Tooley 1971; Forbes 2023: Kap. 2 und 3; Holl o.J.; Hamel 2012; Horst 2012; Hüttermann 2012; J.A.B 2000; Kastner 1988; Mayer I und II; Mokre 2002; Sobel 1996; Weißbecker 2012.
11	Ebel 1962; Forbes 2023: Kap. 5; Frensdorff 1908a und 1908b; Geyken 2005 und 2019; Hammerstein 1988; Hölscher 2011; Lehfeldt 2013; Maercker 1979; Mayer: Briefe; Mittler 2005; Münch 1999: 126–136; Richter-Uhlig 2005; Starck/ Schönhammer 2013; Taatz-Jacobi/ Pečar 2021; Wehler 1987: 292–303; Vierhaus 1988; Weißbecker 2012; Wellenreuther 1988, S. 175–251.
12	Anthes 2004; Forbes 2023; Forbes: Kap. 5; Frensdorff 1908a und 1908b; Hansen 1999; Maercker 1979; Niebuhr 1803 und 1804; Niebuhr 1816; Schlumbohm 2016; Weißbecker 2012.
13	Anthes 2004, Enderle 2005, Forbes in Mayer II; Forbes 2023: Kap. 6; Mayer II.
14	Forbes 2023; Kastner 1988; Mayer: Briefe: 39-48; Weißbecker 2012: 105–114.
15	Anthes 2004; Forbes 2023: Kap. 9; Hamel 2012; Lehfeldt 2013; Mayer II; Sobel 1996.
16	Böhme/ Vierhaus 2002; Hamel 2012; Hohrath 1990; Pust 2015; Roth 2006; Anthes 2002, Böhme/Vierhaus 2002; Hamel 2012; Hüttermann 2012c; Reich 2006; Roth 2006; Weber 1919/ 2006; Weißbecker 2012.

LITERATUR

Primärquellen
Werke von Tobias Mayer

Tobias Mayer Gesamtausgabe. Schriften zur Astronomie, Kartographie, Mathematik und Farbenlehre, hg. von Erhard Anthes, Armin Hüttermann, Eberhard Knobloch und Karin Reich, Hildesheim/ Zürich/ New York:

Mayer I (2006) = Band I: Eßlinger, Augsburger und Nürnberger Arbeiten, hg. von Eberhard Knobloch und Erhard Anthes.

Mayer II (2005) = Band II: Göttinger Arbeiten, Briefwechsel mit Leonhard Euler und Joseph-Nicolas Delisle, hg. von Erhard Anthes.

Mayer III (2006) = Band III: Opera posthuma et inedita, hg. von Karin Reich und Erhard Anthes.

Mayer IV (2009) = Band IV: Mathematischer Atlas, Land- und Mondkarten, Fortifikationsbuch, hg. v. Armin Hüttermann.

Mayer: Biographie = Hüttermann, Armin (1998): Biografie, in der Transkription von Menso Folkerts, mit biografischen Ergänzungen herausgegeben von Armin Hüttermann (Schriftenreihe des Tobias-Mayer-Museum-Vereines, Nr. 26), Marbach a.N.

Mayer: Briefe = Roth, Erwin (1992): Briefe von und an Tobias Mayer (Band III der Tobias-Mayer-Bibliographie; Schriftenreihe des Tobias-Mayer-Museum-Vereines Nr. 16), Marbach a.N.

Mayer: Mappa Critica = Mappa Critica. Carte Critique de l'Allemagne faite suivant un nouveau Dessin appujé des monumens authentiques du tems ancien et nouveau avec une comparaison de celui de Mr. de L'Isle et de Homann. Dressée par Mr. Tob. Mayer, de la Société cosmographique, Heritiers de Homann, Nürnberg 1750 (Reproduktion, hrsg. vom Landesvermessungsamt Baden-Württemberg Stuttgart 1987).

Mayer: Mathematischer Atlas = Mathematischer Atlas in welchem auf 60 Tabellen alle Theile der Mathematic vorgestellt […], Augsburg 1745.

Mayer: Nürnberg-Göttingen = Iter Mayerianum ad Musas Goettingenses. Des Reise Atlas erstes Blatt, in welchem die Landstrasse von Nurnberg nach Goettingen verzeichnet ist, Heredes Homanniani, Nürnberg 1751 (Faksimile des Tobias-Mayer-Vereins, Marbach a.N.).

Mayer: Stadtplan = Stadtplan Esslingen, 1739 (Reprint Marbach 1984).

Schriften von Mayers Zeitgenossen und Bezugspersonen sowie Nachschlagewerke

Abelin, Johann Philipp/ Merian, Matthäus (1662): Theatrum Europaeum, 1. Band, 3. Aufl.; URL: https://www.digitale-sammlungen.de/de/view/bsb 10807439

Anonymus (1754): Göttingische Anzeigen von gelehrten Sachen, 67. Stück (6. Junius 1754), S. 585–588; URL: https://gdz.sub.uni-goettingen.de/id/ PPN 31973076X_1754

Bayle, Pierre (1741/ 2017): Verschiedene einem Doktor der Sorbonne mitgeteilten Gedanken über den Kometen, der im Monat Dezember 1680 erschienen ist (Berliner Ausgabe), 4. Auflage, Berlin.

Bayle, Pierre (1742): Herrn Peter Baylens, weyland Professors der Philosophie und Historie zu Rotterdam, Historisches und Critisches Wörterbuch. Zweiter Theil C bis J, nach der neuesten Auflage von 1740 ins Deutsche übersetzt von Johann Gottfried Gottscheden, Leipzig; URL: https://www.digitale-sammlungen.de/de/view/bsb11196593?

Bleibtreu, Leopold Carl (1861): Handbuch der Münz-, Maaß- und Gewichtskunde, und des Wechsel-, Staatspapier-, Bank- und Actienwesens europäischer und außereuropäischer Länder und Städte, Stuttgart.

Diderot, Denis (2013): Diderots Enzyklopädie. Mit Kupferstichen aus den Tafelbänden (Foliobände der Anderen Bibliothek, Band 13), ediert von Anette Selg und Rainer Wieland, Berlin.

Ebel, Wilhelm (Hrsg.) (1962): Catalogus Professorum Gottingensium 1734–1962, Göttingen.

Franz, Johann Michael (1751): Gedanken von einem Reise=Atlas und Von der Nothwendigkeit eines Staats=Geographus bey Gelegenheit der Abreise Herrn Professor Tobias Mayer aus Nürnberg nach Göttingen den 15. März 1751, Nürnberg.

Frensdorff, Ferdinand (Hrsg.) (1908a): Ein Bericht über Göttingen, Stadt und Universität aus dem Jahre 1754. In: Jahrbuch des Geschichtsvereins für Göttingen und Umgebung, Band 1/1908, Göttingen, S. 43–54.

Frensdorff, Ferdinand (Hrsg.) (1908b): Kurtze Nachricht von Göttingen, entworfen im Jahre 1754 durch Johann Georg Bärens. In: Jahrbuch des Geschichtsvereins für Göttingen und Umgebung, Band 1/1908, Göttingen, S. 55–117.

Goethe, Johann Wolfgang von (1821/1961): Wilhelm Meisters Wanderjahre, Erstes Buch. In: Goethes Werke, Hamburger Ausgabe in 14 Bänden, hrsg. von Erich Trunz, Bd. 8, 5. Aufl., München.

Grimm, Jacob und Wilhelm (1852–1971 / 2016): Deutsches Wörterbuch, Leipzig URL: https://woerterbuchnetz.de

Irving, Washington (1828): A History of the Life and Voyages of Christopher Columbus, Band 1, New York; URL: https://books.google.de/books/about/A_History_of_the_Life_and_Voyages_of_Chr.html?id=V0i3w-c9__cC&redir_esc=y

Kästner, Abraham Gotthelf (1762/1984): Gedenkrede auf Tobias Mayer, übersetzt und erläutert von Friedrich Seck (Schriften des Tobias Mayer Vereins e.V., Nr. 2), Marbach a.N.

Krünitz, Johann Georg (1773–1858): Oekonomische Encyklopädie oder allgemeines System der Staats- Stadt- Haus- u. Landwirtschaft, Berlin; URL: https://www.kruenitz1.uni-trier.de

Lichtenberg, Georg Christoph (1800–1806): Sudelbücher (Aphorismen); URL: https://www.projekt-gutenberg.org/lichtenb/aphorism/aphorism.html

Lowitz, Georg Moritz (1751): Auflösung einer astronomischen Aufgabe: Die bey der Abreise des S.T. Herrn Tobias Mayer Mitgliede der hiesigen Kosmographischen Gesellschaft, welcher als ordentlicher Lehrer der Weltweisheit und Haushaltungs Kunst, von Nürnberg nach Göttingen beruffen worden, demselben als ein Merkmal seiner Ergebenheit dargelegt, Nürnberg.

Mylius, Christlob (Hrsg.) (1751): Physikalische Belustigungen, Band 1, Stück 1 bis 10, Berlin. URL: https://www.digitale-sammlungen.de/de/view/bsb10130717?page=192,193

Nicolai, Ferdinand von (1765): Nachrichten von alten und neuen Kriegs=Büchern, welche den Feld- und Festungs-Krieg entweder abhandeln oder erläutern, nebst einer kurzen Beurtheilung derselben, Stuttgart; URL: https://gdz.sub.uni-goettingen.de/id/PPN636858901

Niebuhr, Carsten (1803): Biographische Notizen aus Tobias Mayer's Jugendjahren aus einem Schreiben des Königloch Dänischen Justiz-Rths C. Niebuhr. In: Zach, Franz Xaver (Hrsg.): Monatliche Correspondenz zur Beförderung der Erd- und Himmelskunde 8, S. 257–270.

Niebuhr, Carsten (1804): Noch etwas als Beytrag zu Tob: Mayer's Biographie. In: Zach, Franz Xaver (Hrsg.): Monatliche Correspondenz zur Beförderung der Erd- und Himmels-Kunde 9, S. 487–491.

Niebuhr, Barthold Georg (1817): Carsten Niebuhr's Leben, Kiel.

Niemann, Friedrich Albert (1830): Vollständiges Handbuch der Münzen, Maße und Gewichte aller Länder der Erde, Quedlinburg und Leipzig.

Pfinzing, Paul (1598): Methodus Geometrica, Nürnberg; URL: https://archive.org/details/gpl_1807271/page/36/mode/2up

Plinius der Ältere: Die Naturgeschichte des Cajus Plinius Secundus, hg. und übersetzt von G. C. Wittstein, Leipzig 1881; URL: https://archive.org/stream/dienatugeschicht03plin/dienatugeschicht03plin_djvu.txt

Wolff, Christian (1710): Der Anfangs-Gründe Aller Mathematischen Wissenschaften Erster Theil, Halle (Saale); URL: https://www.deutschestextarchiv.de/book/view/wolff_anfangsgruende01_1710

Sekundärliteratur

Alt, Peter-André (2000): Schiller. Leben – Werk – Zeit, 2 Bände, München.

Anthes, Erhard/ Quel, Werner/ Roth, Erwin (1990): Tobias Mayer und die Zeit der Aufklärung, Marbach a.N.

Anthes, Erhard (2004): Einleitung. In: Mayer II, S. 7–26.

Anthes, Erhard/ Hüttermann, Armin (Hrsg.) (2013): Tobias Mayers Beiträge zur Wissenschaft des 18. Jahrhunderts im Lichte neuerer Untersuchungen (Acta Historica Astronomiae, Vol. 48), Leipzig.

Baumann, Eberhard (2013): Tobias Mayers kartografischer Erstling, in: Anthes/ Hüttermann 2013, S. 231–245.

Behringer, Wolfgang/ Roeck, Bernd (Hrsg.) (1999): Das Bild der Stadt in der Neuzeit 1400–1800, München.

Bernhard, Roland (2013): Der Eingang des »Mythos der flachen Erde« in deutsche und österreichische Geschichtsschulbücher im 20. Jahrhundert. In: Geschichte in Wissenschaft und Unterricht 64/2013, S. 687–701, URL: https://www.researchgate.net/publication/326461670_Der_Eingang_des_Mythos_der_flachen_Erde_in_deutsche_und_osterreichische_Geschichtsschulbucher_im_20_Jahrhundert (11.08.2022)

Bernhard, Roland (2014): De-Konstruktion des Mythos' der flachen Erde. Information, Quellen und Materialien zur Entschlüsselung der Erzählung über die »flache Erde des Mittelalters« in Schulbüchern. In: Historische Sozialkunde 2/2014, S. 42–51, URL: https://www.researchgate.net/publication/326368298_Dekonstruktion_des_Mythos'_der_flachen_Erde_ (11.08.2022)

Beyrer, Klaus (1985): Die Postkutschenreise (Untersuchungen des Ludwig-Uhland-Instituts der Universität Tübingen, 66. Band), Tübingen.

Böhme, Ernst/ Vierhaus, Rudolf (2002): Göttingen. Geschichte einer Universitätsstadt, Band 2: Vom Dreißigjährigen Krieg bis zum Anschluss an Preußen – Der Wiederaufstieg als Universitätsstadt (1648–1866), Göttingen.

Borst, Otto (1977): Geschichte der Stadt Esslingen am Neckar, 2. Aufl., Esslingen.

Brachner, Alto (Hrsg.) (1983): G. F. Brander 1713–1783. Wissenschaftliche Instrumente aus seiner Werkstatt, Deutsches Museum, München.

Bricker, Charles / Tooley, Ronald Vere (1971): Gloria Cartographiae. Geschichte der mittelalterlichen Kartographie, Gütersloh.

Brooke-Hitching, Edward (2017): Atlas der erfundenen Orte. Die größten Irrtümer und Lügen auf Landkarten, München.

Diefenbacher, Michael/ Heinz, Markus/ Bach-Damaskinos, Ruth (Hrsg.) (2002): »auserlesene und allerneueste Landkarten«. Der Verlag Homann in Nürnberg 1702–1848 (Ausstellungskatalog des Stadtarchivs Nürnberg Nr. 14), Nürnberg.

Diefenbacher, Michael (2002a): Nürnberger kartographische Traditionen seit dem 16. Jahrhundert. In: Diefenbacher u.a. (2002), S. 12–17.

Diefenbacher, Michael (2002b): Nürnberg zwischen 1700 und 1850 – ein Überblick. In: Diefenbacher u.a. (2002), S. 18–33.

Eberl, Immo (1989): Vom Kloster zur Klosterschule. Die Entwicklung der ›großen Mannsklöster‹ im Herzogtum Württemberg unter den Herzögen Ulrich und Christoph. In: Blätter für Württembergische Kirchengeschichte, 89. Jg., S. 5–26.

Eck, Helmut (2017): Die Tübinger Straßennamen. Vielfach umbenannt. Ein stadtgeographischer Beitrag zur Geschichte und Bedeutung der Tübinger Straßennamen, Tübingen.

Egmont, Marco van (2002): Kommerzielle Kartographie in den Nördlichen Niederlanden zwischen 1675 und 1800. In: Diefenbacher u.a. (2002), S. 174–185.

Enderle, Wilfried (2005): Britische und europäische Wissenschaft in Göttingen – Die Göttingischen Anzeigen von gelehrten Sachen als Wissensportal im 18. Jahrhundert. In: Mittler 2005, S. 161–184.

Forbes, Eric G. (1972): The unpublished Writings of Tobias Mayer, Vol. I: Astronomy and Geographie, Göttingen.

Forbes, Eric G. (1980): Tobias Mayer (1723–62). Pioneer of enligtened science in Germany (Arbeiten aus der Niedersächsischen Staats- und Universitätsbibliothek Göttingen, Band 17), Göttingen.

Forbes, Eric Gray (2023): Tobias Mayer 1723–1762. Pionier der Naturwissenschaften der deutschen Aufklärungszeit, übersetzt von Maria Forbes und Hand Heinrich Vogt unter Mitwirkung von Erwin Roth, hg. von Erhard Anthes, Göttingen.

Gresky, Wolfgang (1970): Eine Wegekarte Nürnberg-Göttingen von 1751, in: Göttinger Jahrbuch, Band 18, S. 103–106.

Geyken, Frauke (2005): The Four Goerges – Die hannoverschen Könige und Kurfürsten zur Zeit der Personalunion mit Großbritannien. In: Mittler 2005, 67–89.

Geyken, Frauke (2019): Zum Wohle aller. Geschichte der Georg-August-Universität Göttingen von ihrer Gründung 1737 bis 2019, Göttingen.

Gühring, Albrecht / Krause, Rüdiger/ Sauer, Paul/ Schäfer, Hans-Ulrich/ Schick, Hermann (2002): Geschichte der Stadt Marbach am Neckar, Band 1 (bis 1871), Marbach a.N.

Gühring, Albrecht (2012): Familie Mayer in Marbach. Ausstellungskatalog, Marbach a.N.

Gühring, Albrecht (2013): Tobias Mayer – Familie und Vorfahren, in: Anthes/ Hüttermann 2013, S. 29–37.

Gumbrecht, Hans Ulrich (1978): Modern, Modernität, Moderne. In: Brunner, Otto/ Conze, Werner/ Koselleck, Reinhard (Hrsg.): Geschichtliche Grundbegriffe, Bd. 4, Stuttgart, S. 93–131.

Hamel, Jürgen (1987): Astrologie – Tochter der Astronomie?, Jena/ Berlin.

Hamel, Jürgen (1996): Die Vorstellung von der Kugelgestalt der Erde im europäischen Mittelalter bis zum Ende des 13. Jahrhunderts – dargestellt nach den Quellen, Münster.

Hamel, Jürgen (2012): Tobias Mayer und die Astronomie. In: Hüttermann 2012, S. 124–167.

Hammerstein, Notker (1988): 1787 – die Universität im Heiligen Römischen Reich. In: Moeller (1988), S. 27–45.

Hansen, Reimer (1999): Niebuhr, Carsten. In: Neue Deutsche Biographie 19, S. 217–219; URL: https://www.deutsche-biographie.de/pnd118734784.html#ndbcontent

Hawlitschek, Kurt (2002): Die Deutschlandreise des René Descartes. In: Berichte zur Wissenschaftsgeschichte 25, S. 235–252.

Heinz, Markus (2002a): Die Geschichte des Homännischen Verlags. In: Diefenbacher u.a. (2002), S. 34–46.

Heinz, Markus (2002b): Der Homännische Verlag als Faktor im kartographischen Informationsprozess. In: Diefenbacher u.a. (2002), S. 73.

Heinz, Markus (2002c): Vielfalt und Aktualität: das Homännische Verlagsprogramm. In: Diefenbacher u.a. (2002), S. 74–77.

Heinz, Markus (2002d): Zwischen Qualitätsanspruch und Wirtschaftlichkeit: die Druckvorlagen. In: Diefenbacher u.a. (2002), S. 78–89.

Heinz, Markus (2002e): Homann-Karten von Messina bis Trondheim: der Handel. In: Diefenbacher u.a. (2002), S. 106–111.

Heinz, Markus (2002d): Zeitungsleser, Reisende und Potentaten: die Benutzung der Karten. In: Diefenbacher u.a. (2002), S. 112–119.

Heinz, Markus (2002e): Ansichten, Reichskreise, Himmelsgloben: die Produktpalette. In: Diefenbacher u.a. (2002), S. 120–121.

Heinz, Markus (2002f): Karten und Atlanten: der Schwerpunkt der Produktion. In: Diefenbacher u.a. (2002), S. 122–137.

Heinz, Markus (2002g): Zusammenfassung. In: Diefenbacher u.a. (2002), S. 202–204.

Hölscher, Steffen (2011): Zwischen Legitimation und Lustbarkeit. Der Besuch Georgs II. an der Universität Göttingen 1748. In: Göttinger Jahrbuch 59 (2011), S. 41–69.

Hohrath, Daniel (1990): Die Bildung des Offiziers in der Aufklärung. Ferdinand Friedrich von Nicolai (1730–1814) und seine enzyklopädischen Sammlungen, Ausstellungskatalog, Württembergische Landesbibliothek, Stuttgart.

Holl, Manfred (o.J.): Die Geschichte der Mondkarte; URL: https://www.der-mond.de/historische-mondkarte/die-geschichte-der-mondkarte (17.11.2022).

Horst, Thomas (2012): Die Welt als Buch. Gerhard Mercator und der erste Weltatlas, Gütersloh/ München/ Brüssel.

Hüttermann, Armin (1990): Tobias Mayer als Kartograph und Geograph. In: Anthes u.a. 1990, S. 73–90.

Hüttermann, Armin (Hrsg.) (2012): Tobias Mayer 1723–1762. Mathematiker, Kartograph und Astronom der Aufklärungszeit, Begleitband zur Ausstellung, Württembergische Landesbibliothek Stuttgart, Stadtmuseum Esslingen – Gelbes Haus, Niedersächsische Staats- und Universitätsbibliothek Göttingen – Paulinerkirche (Schriftenreihe des Tobias-Mayer-Vereins e.V. Nr. 35), Marbach a.N.

Hüttermann, Armin (2012a): Der Karten-Perfektionist. In: Hüttermann 2012, S. 78–101.

Hüttermann, Armin (2012b): Mondkarten und Mondgloben. In: Hüttermann 2012, S. 102–123.

Hüttermann, Armin (2012c): Arbeiten zur »Weltbeschreibung«, zur Farbenlehre und Sehschärfe. In: Hüttermann 2012, S. 169–184.

Hüttermann, Armin (2013): Tobias Mayers Reisekarte Nürnberg – Göttingen (1751). In: Anthes/Hüttermann 2013, S. 283–304.

Hüttermann, Armin (2022): Die kartographischen Zentren in Deutschland zu Tobias Mayers Zeit, unveröff. Typoskript, Marbach.

Jauss, Hans R. (2007): Antiqui/moderni. Querelle des Anciens et des Modernes. In: Joachim Ritter (Hrsg.): Historisches Wörterbuch der Philosophie, Basel, Band 1, Sp. 410–414.

J.A.B. (2000): Sphere Np. 11: Christopher Wren's Lunar Globe; URL: http://www.mhs.ox.ac.uk/about/sphaera/sphaera-issue-no-11/sphere-no-11-christopher-wrens-lunar-globe (22.11.2022)

Kastner, Sabine (1988): Bürgerliches Wohnen und Bauen in Göttingen. In: Wellenreuther 1988, S. 175–251.

Käs, Rudolf (2002): Der Homännische Landkartenverlag im Fembohaus. In: Diefenbacher u.a. (2002), S. 62–72.

Kempe, Michael (2022): Die beste aller möglichen Welten. Gottfried Wilhelm Leibniz in seiner Zeit, 3. Aufl., Frankfurt a. M.

Kioscha, Wolfgang (Hrsg.) (1989): Museumshandbuch/ Museum für Kunst und Kulturgeschichte der Stadt Dortmund, Teil 2: Vermessungsgeschichte, 2. Aufl., Dortmund.

Knubben, Thomas (1996): Reichsstädtisches Alltagsleben. Krisenbewältigung in Rottweil 1648–1701, Rottweil.

Koselleck, Reinhart (1973): Kritik und Krise. Eine Studie zur Pathogenese der bürgerlichen Welt, Frankfurt a.M.

Krüger, Reinhard (2007): Ein Versuch über die Archäologie der Globalisierung. Die Kugelgestalt der Erde und die globale Konzeption des Erdraums im Mittelalter. In: Universität Stuttgart (Hrsg.): Wechselwirkungen – Jahrbuch aus Lehre und Forschung der Universität Stuttgart, S. 29–52, URL: http://dx.doi.org/10.18419/opus-5251 (11.08.2022).

Landesamt für Geoinformation und Landentwicklung Baden-Württemberg (Hrsg.) (2018): Festschrift 200 Jahre Landesvermessung, Stuttgart.

Lehfeldt, Werner (2013): Albrecht von Haller und die Decouverten. Zu den Anfängen der Societät der Wissenschaften zu Göttingen. In: Starck/ Schönhammer 2013, S. 27–52.

Luhmann, Niklas (1990): Die Wissenschaft der Gesellschaft, Darmstadt.

Maercker, Dietrich von (1979): Die Zahlen der Studierenden an der Georgs-August-Universität in Göttingen von 1734/37 bis 1978. In: Göttinger Jahrbuch 27 (1979), S 141–158.

Mende, Matthias (1999): Nürnberg. In: Behringer/ Roeck 1999, S. 334–339.

Mesenburg, Peter (2013): Die Mappa Critica des Tobias Mayer (1750), in: Anthes/Hüttermann 2013, S. 265–282.

Mittler, Elmar (Hrsg.) (2005): »Eine Welt allein ist nicht genug.« Großbritannien, Hannover und Göttingen 1714 – 1837 (Göttinger Bibliotheksschriften 31), Göttingen.

Moeller, Bernd (Hrsg.) (1988): Stationen der Göttinger Universitätsgeschichte 1737 – 1787 – 1837 – 1937, Göttingen.

Mokre, Jan (2002): Große Pläne, kleine Kugeln – Globen im Verlag Homann. In: Diefenbacher u.a. (2002), S. 129–149.

Münch, Paul (1992): Lebensformen in der frühen Neuzeit, Frankfurt a.M./ Berlin.

Münch, Paul (1999): Das Jahrhundert des Zwiespalts. Deutsche Geschichte 1600–1700, Stuttgart/ Berlin/ Köln.

Neubronner, Eberhard (2016): Mensch Mayer. Der wunderliche Weg eines Württemberger Erfinders, Tübingen.

Oehme, Ruthardt (1961): Die Geschichte der Karthographie des deutschen Südwestens, Konstanz.

Poser, Hans (2016): Leibniz und die theoretische, methodische und sprachliche Einheit der Wissenschaften. In: Grötschel, Martin u.a. (Hrsg.: Vision als Aufgabe: das Leibniz-Universum im 21. Jahrhundert, Berlin, S. 17–31; URL: https://d-nb.info/1238890792/34 (21.12.2022).

Pust, Hans Christian (2015): Die »Sammlung Nicolai«. Eine frühe Erwerbung aus Privatbesitz unter Carl Eugen. In: Württembergische Landesbibliothek: Carl Eugens Erbe. 250 Jahre Württembergische Landesbibliothek, Stuttgart, S. 70–77.

Rathmann, Michael (Hrsg.) (2018): Tabula Peutingeriana. Die einzige Weltkarte aus der Antike, 3. überarbeitete Auflage, Darmstadt.

Reich, Karin (2006): Einleitung. In: Mayer III, S. VII-XIV.

Richter-Uhlig, Uta (2005): London – Hannover – Göttingen. Die Reisen Georgs II. nach Hannover und sein Verhältnis zu Göttingen. In: Mittler 2005, S. 141–160.

Ritter. Michael (2002): Der Verlag von Matthäus Seutter in Augsburg und andere Konkurrenten im Deutschen Reich im 18. Jahrhundert. In: In: Diefenbacher u.a. (2002), S. 186–195.

Roeck, Bernd (1991): Als wollt die Welt schier brechen. Eine Stadt im Zeitalter des Dreißigjährigen Krieges, München.

Rödel, Walter G. (o.J.): Die demographische Entwicklung in Deutschland 1770–1820. In: in: www.regionalgeschichte.net,URN: urn:nbn:de:0291-rzd-010431-20202312-1

Röttgers, Kurt (2004): Kritik. In: Brunner, Otto/ Conze, Werner/ Koselleck, Reinhardt (Hrsg.): Geschichtliche Grundbegriffe, Bd. 3, Stuttgart, S. 651–675.

Rojnika, Ursula/ Sonnenstuhl-Fecke, Iris (1997): Die Kandlerschen Risse und das Esslinger Häuseranschlagsprotokoll von 1773/74 (Esslinger Studien, Band 17), Sigmaringen.

Ross, Eugen (1994): »And where are the horses?« Eine Königin besucht Marbach (Widerdrucke 4), Marbach a.N.

Roth, Erwin (1993): Tobias Mayers Esslinger Stadtplan 1739, Gegend um Esslingen 1743 (Schriftenreihe d. Tobias-Mayer-Vereins e.V. Nr. 8b), Marbach a.N.

Roth, Erwin (2006): Tobias Mayer: Leben und Werk. In: Mayer I, S. 11–31.

Rüegg, Walter (Hrsg,) (1996): Geschichte der Universität in Europa, Band II: Von der Reformation zur Französischen Revolution (1500–1800), München.

Russel, Jeffrey Burton (1991): Inventing the Flat Earth. Columbus and modern historians, New York/ Westport/ London.

Sandler, Christian (1979): Johann Baptista Homann, die Hommänischen Erben, Matthäus Seutter und ihre Landkarten. Beiträge zur Geschichte der Kartographie, Amsterdam.

Sauer, Paul (2008): Musen, Machtspiel und Mätressen. Eberhard Ludwig – württembergischer Herzog und Gründer Ludwigsburgs, Tübingen.

Schiemann, Gregor (2011): Warum Gott nicht würfelt: Einstein und die Quantenmechanik im Licht neuerer Forschungen. In: Humboldt-Studienzentrum, Universität Ulm: Einstein (Bausteine zur Philosophie, Band 27), Ulm, S. 107–130.

Schlumbohm, Jürgen (2016): Carsten Niebuhr, Forschungsreisender (1733–1815). In Göttinger Jahrbuch 64 (2016), S. 197–201.

Schneider, Ivo (1994): Wunderwerk Gottes oder ganz natürliche Erscheinung. Der Kometenstreit des Jahres 1618. In: Damals, Heft 12, S. 32–39.

Sobel, Dana (1996): Längengrad. Die wahre Geschichte eines einsamen Genies, welches das größte wissenschaftliche Problem seiner Zeit löste, 3. Aufl., Berlin 1996 (amerikanische Erstveröffentlichung 1995).

Sonnenstuhl-Fekete, Iris (1992): Das Findel- und Waisenhaus der Reichsstadt Esslingen. In: Esslinger Studien, Zeitschrift Nr. 31, Esslingen, S. 15–102.

Stadtarchiv Esslingen (1985): Tobias Mayer 1723-1762. Vermesser des Meeres, der Erde und des Himmels. Esslingen in alten und neuen Karten, Ausstellungskatalog, Esslingen.

Starck, Christian/ Schönhammer, Kurt (Hrsg.) (2013): Die Geschichte der Akademie der Wissenschaften zu Göttingen, Teil 1 (Abhandlungen der Akademie der Wissenschaften zu Göttingen, Neue Folge, Band 28), Berlin/ Boston.

Stuke, Horst (2004): Aufklärung. In: Geschichtliche Grundbegriffe, hrsg. von Otto Brunner, Werner Conze, Reinhardt Koselleck, Band 1, Stuttgart, S. 243-342.

Taatz-Jacobi, Marianne/ Pečar, Andreas (2021): Die Universität Halle und der Berliner Hof (1691-1740). Eine höfisch-akademische Beziehungsgeschichte, Stuttgart.

Vierhaus, Rudolf (1988): 1737 – Europa zur Zeit der Universitätsgründung. In: Moeller (1988), S. 9-26.

Vogel, Klaus Anselm (1995): Sphaera Terrae: Das mittelalterliche Bild der Erde und die kosmographische Revolution, Diss phil. Göttingen; URL: htttp://webdoc.sub.gwdg.de/diss/2000/vogel/index.htm (10.08.2022).

Walther, Gerrit u.a. (2008 a): Aufklärung. In: Enzyklopädie der Neuzeit, hrsg. von Friedrich Jaeger, Band 1, Stuttgart/ Weimar, Sp. 791-830.

Walther, Gerrit (2008 b): Kritik. In: Enzyklopädie der Neuzeit, hrsg. von Friedrich Jaeger, Band 7, Stuttgart/ Weimar, Sp. 229-236.

Weber, Max (1919/ 2006): Wissenschaft als Beruf. In: Weber, Max: Politik und Gesellschaft, Lizenzausgabe, Frankfurt a.M., S. 1016-1040.

Wehler, Hans-Ulrich (1987): Deutsche Gesellschaftsgeschichte, Band 1: Vom Feudalismus des Alten Reiches bis zur Defensiven Modernisierung der Reformära 1700-1815, München.

Weißbecker, Bernhard (2012): Die Vermessung des Meeres, der Erde und des Himmels, Norderstedt.

Wellenreuther, Hermann (Hrsg.) (1988): Göttingen 1690-1755. Studien zur Sozialgeschichte einer Stadt (Göttinger Universitätsschriften, Serie A, Bd. 9), Göttingen.

Wellenreuther, Hermann (2005a): Von der Manufakturstadt zum Leine-Athen, Göttingen 1714-1837. In: Mittler 2005, 11-31.

Wellenreuther, Hermann (2005b): Personalunion mit England und Mitglied im Reich: Von Kurhannover zum Königreich Hannover, 1690-1837. In: Mittler 2005, 32-51.

DANK

Das Werk von Tobias Mayer gleicht einem Archipel mit vielen kleinen und größeren Inseln, die durch einen gemeinsamen Sockel miteinander verbunden sind und über denen ein Leitstern leuchtet. Den Sockel bildet der Wissens- und Erkenntnisdrang dieses Wunderkindes und Waisenknaben, dem es im Zeitalter der Aufklärung weitestgehend aus eigener Kraft gelang, die Stellung eines Spitzenforschers zu erlangen. Der Leitstern auf diesem Weg aber war die Wissenschaft in ihrer dreifachen Erscheinung als Erkenntnisform, als geistige und soziale Haltung und als eine Kunst. Sein einzigartiger Lebensweg und sein prototypischer Rang als Wissenschaftler verleihen Mayer eine besondere Faszination. Diese Faszination, der alle zu erliegen drohen, die sich näher mit ihm beschäftigen, hat in den vergangenen 40 Jahren zu seiner sukzessiven Wiederentdeckung geführt. Auf den Materialien und Erkenntnissen, die im Kern von Eric G. Forbes, Erwin Roth, Erhard Anthes und Armin Hüttermann bereitgestellt wurden, baut diese biographische Fallstudie dankbar auf und fügt sie in den kulturgeschichtlichen Rahmen ein.

Mein besonderer Dank gilt dabei Armin Hüttermann, dem langjährigen Vorsitzendenden und Spiritus Rector des Tobias-Mayer-Vereins in Marbach a.N., der den Band nicht nur initiiert, sondern auch im Werden stets hilfsbereit und kritisch begleitet hat. Erhard Anthes danke ich sehr für seine Bereitschaft, meine Berechnungen zu den Längengraddifferenzen auf der Mappa Critica zu überprüfen und zu korrigieren. Für die Besorgung umfangreicher Literatur über die Fernleihe danke ich Jasmin Pfaff und ihren Kolleg*innen der Pädagogischen Hochschulbibliothek Ludwigsburg. Für die Bereitstellung der Bildvorlagen bin ich den Bibliotheken, Archiven und Datenbanken, die im Bildnachweis einzeln aufgeführt sind, sehr zu Dank verpflichtet.

Die Genese dieses Buches erfolgte in einem bewährten Team. Für die Anregung, Tobias Mayer näher in den Blick zu nehmen, gilt mein Dank Hubert Klöpfer. Für die grafische Begleitung danke ich einmal mehr Uli Braun, Konstanz, für das hilfreiche Lektorat Doris Binger, München, und für das Korrektorat Wolfram Schröter, Ravensburg. Dem S. Hirzel Verlag Stuttgart und seinem Programmleiter Rüdiger Müller danke ich für die Aufnahme des Bandes in die Reihe »Literarisches Sachbuch«, wo er sich gut aufgehoben fühlt.

INHALTSVERZEICHNIS

1	Die Hochzeitsreise	7
2	Zeit und Raum	23
3	Überleben	36
4	Die Initiation	49
5	Scheibe oder Kugel	56
6	Mathematik und Zeichenkunst	67
7	Die Vermessung der Erde	76
8	Mappa Critica	93
9	Astronomie und Astrologie	103
10	Die Vermessung des Himmels	115
11	Die Universität	132
12	Forschung und Lehre	145
13	Der Diskurs	155
14	Die Karriere	161
15	Die Vermessung des Meeres	167
16	Die Teile und das Ganze	182

Anhang	189
Nachweis der Zitate	189
Bildnachweise	192
Literaturverweise nach Kapiteln	196
Literatur	198
Dank	209

»Alle psychotherapeutischen Methoden von heute und ein gut Teil aller psychotherapeutischen Probleme gehen kerzengerade auf diesen einen Mann, Franz Anton Mesmer, zurück.« Stefan Zweig

Mozart und Hegel, Jean Paul und Edgar Allan Poe: Alle waren von Franz Anton Mesmer (1734-1815) fasziniert. Der Förstersohn vom Bodensee galt als einer der umstrittensten Mediziner seiner Zeit. Für seine Lehre vom »Animalischen Magnetismus« priesen ihn die einen als Wunderheiler, die anderen diffamierten ihn als Scharlatan. Diese ungemein schillernde Lebensgeschichte in einer turbulenten Zeit des Aufbruchs erzählt Thomas Knubben brillant. Eine Geschichte von Hochbegabung und Tragik ... Er hat damit Epoche gemacht: Seine Lehre wurde zu einem Ausgangspunkt für Konzepte in der Hypnose- und der Psychotherapie.

Thomas Knubben
Franz Anton Mesmer
*oder die Erkundung
der dunklen Seite des Mondes*
208 Seiten, 5 s/w Abb.
Gebunden
€ 22,– [D]
ISBN 978-3-7776-3045-8
E-Book: epub. € 19,90 [D]
ISBN 978-3-7776-3114-1

www.hirzel.de

@hirzel_sachbuch

HIRZEL

Vom dunkelsten Fleck
auf der Weste des Robert Koch

Robert Koch gilt als eine der Lichtgestalten der deutschen Medizingeschichte. Die Expedition indes, die er 1906 ins »Schutzgebiet« Deutsch-Ostafrika unternimmt, bezeichnet auch das nach ihm benannte Institut als dunkelstes Kapitel in Kochs Geschichte. Lichtwarck-Aschoffs beklemmendes Buch zeigt, wie der Nobelpreisträger medizinische Versuche an Menschen durchführt, die an der durch die Tsetsefliege übertragenen Schlafkrankheit leiden, und die Internierung Kranker in Lagern empfiehlt. Ziel ist, die Arbeitskraft der gesunden Kolonisierten zu erhalten – und sei es um den Preis, dass die Infizierten durch seine Experimente Schaden an Leib und Seele nehmen oder gar den Tod finden.

Michael Lichtwarck-Aschoff
Robert Kochs Affe
*Der grandiose Irrtum
des berühmten Seuchenarztes*
284 Seiten
Gebunden
€ 24,- [D]
ISBN 978-3-7776-2917-9
E-Book: epub. € 21,90 [D]
ISBN 978-3-7776-2982-7

www.hirzel.de
@hirzel_sachbuch

HIRZEL

S. Hirzel Verlag · Birkenwaldstr. 44 · 70191 Stuttgart · T. 0711 2582 341 · Fax 0711 2582 390 · service@hirzel.d

»Christoph Kolumbus tut,
was er einen großen Teil seines Lebens getan hat:
Er schaut hinaus auf das Meer.«

Da steht er, dem ganz Spanien zugejubelt hat, vor dem die allerkatholischsten Könige Isabella und Ferdinand sich erhoben haben, und blickt auf sein vom Schiffsbohrwurm zerfressenes Schiff Capitana, gestrandet vor Jamaika. Teile der Mannschaft meutern, die Einheimischen lassen sich nicht mehr mit Glasperlen abspeisen, die Spanier auf der nahen Insel Hispaniola helfen ihm nicht, die Welt will nichts mit ihm, dem fordernden Nörgler, zu tun haben. Er, Christoph Kolumbus, ist ein König Ohneland, ein Eroberer ohne Eroberung. Zwischen Fiktion und historischer Wahrheit erzählt Wissler die letzte Expedition des legendären Seefahrers völlig neu – welch eine Geschichte!

Wolfgang Wissler
Kolumbus,
der entsorgte Entdecker
Das Desaster des legendären Seefahres
192 Seiten
Gebunden
€ 22,– [D]
ISBN 978-3-7776-2916-2
E-Book: epub. € 19,90 [D]
ISBN 978-3-7776-2979-7

www.hirzel.de

@hirzel_sachbuch

HIRZEL

S. Hirzel Verlag · Birkenwaldstr. 44 · 70191 Stuttgart · T. 0711 2582 341 · Fax 0711 2582 390 · service@hirzel.de